职业教育计算机专业系列教材

SHUJUKU JICHU JI
YINGYONG PEITAO LIANXI

数据库基础及应用配套练习

■ 主　编　黄文胜
■ 副主编　吴万明　刘国纪　程　清

重庆大学出版社

图书在版编目（CIP）数据

数据库基础及应用配套练习 / 黄文胜主编. -- 重庆：重庆大学出版社，2022.3

职业教育计算机专业系列教材

ISBN 978-7-5689-3163-2

Ⅰ.①数… Ⅱ.①黄… Ⅲ.①数据库系统—中等专业学校—习题集 Ⅳ.①TP311.13-44

中国版本图书馆CIP数据核字（2022）第046674号

职业教育计算机专业系列教材

数据库基础及应用配套练习

主　编　黄文胜

副主编　吴万明　刘国纪　程　清

责任编辑：陈一柳　　版式设计：陈一柳

责任校对：姜　凤　　责任印制：赵　晟

*

重庆大学出版社出版发行

出版人：饶帮华

社址：重庆市沙坪坝区大学城西路21号

邮编：401331

电话：（023）88617190　88617185（中小学）

传真：（023）88617186　88617166

网址：http://www.cqup.com.cn

邮箱：fxk@cqup.com.cn（营销中心）

全国新华书店经销

重庆市美尚印务有限公司印刷

*

开本：787mm×1092mm　1/16　印张：8　字数：181千

2022年3月第1版　2022年3月第1次印刷

印数：1—3000

ISBN 978-7-5689-3163-2　定价：25.00元

本书依据重庆市中等职业学校信息技术类专业核心课程——“数据库技术”的课程标准，在重庆市中等职业学校教育信息技术中心教研组专家指导下，为中职信息技术专业核心课程教材《数据库基础及应用——MySQL》编写的同步配套练习。

本书为《数据库基础及应用——MySQL》教材的每个学习项目中每个学习任务精心设计了1套针对性强的同步练习题，可以帮助教师及时掌握学生的学习情况，以便调整教学策略，夯实基础知识，稳步推进教学。每个项目设计有2套项目目标检测题，用于对完成1个项目教学后的质量诊断检测。全书配置4套综合检测题，帮助教师掌握学生对《数据库基础及应用——MySQL》整个教学内容的学习效果。本书在开发设计时就坚持“强基础、重实践、促技能”的基本原则，书中的每题紧扣课程标准要求，或考查学生对数据库技术相关基础知识的掌握，或要求学生必须进行实践操作以促进操作能力的形成。配套练习题型有填空题、选择题、判断题、简答题、综合实作题等多种形式，一个知识点能从多角度对学生呈现以强化学习。我们在每个项目练习前，提供了本项目的知识概述和教学目标要求，有利于学生从整体上把握项目知识结构和目标要求水平，从而合理安排时间和努力方向。本书有项目练习、项目检测和综合检测题共38套，在教学中配合教材使用本配套练习能帮助教师高效诊断教学效果，同时能促使学习者进行针对性训练，巩固学习成果。MySQL作为广泛使用的开源数据库管理系统，紧跟数据库技术领域的新技术，其版本更新较快，历史版本较多，新版本虽然兼容旧版本，但也增加了新功能，部分操作的方式也有所不同，为避免不必要的困惑，本书中所有代码和综合实践建议均在MySQL8平台下执行。

本书由黄文胜、吴万明、刘国纪和程清共同编写。项目一、项目二和综合检测题一由黄文胜编写，项目三、项目六和综合检测题二由程清编写，项目四和综合检测题四由吴万明编写，项目五和综合检测题三由刘国纪编写。在编写中错误实难完全避免，如果有发现，敬请告知，我们将虚心以受并及时更正感谢你的使用。联系方式：hungws@21cn.com。

编　者

2021年9月

QIANYAN

前言

MULU

目录

项目一　初始数据库……001

项目练习……002

任务一　认识数据与数据库……002

任务二　走进关系型数据库……004

任务三　设计关系型数据库……006

项目检测……008

目标测试题一……008

目标测试题二……011

项目二　创建数据库环境……015

项目练习……016

任务一　认识MySQL数据库管理系统……016

任务二　安装配置MySQL数据库管理系统……018

项目检测……020

目标测试题一……020

目标测试题二……023

项目三　体验数据处理……027

项目练习……028

任务一　认识数据类型……028

任务二　实现数据运算……031

任务三　使用系统函数……033

项目检测……036

目标测试题一……036

目标测试题二……039

项目四　建立数据库……043

项目练习……044

任务一　认识MySQL数据库对象……044

任务二　创建 MySQL 数据库……047

任务三　创建数据表……050

任务四　维护数据表……053

任务五　创建索引……056

项目检测……059

目标测试题一……059

目标测试题二……062

项目五　使用数据库……067

项目练习……068

任务一　查询单一数据表中的数据……068

任务二　从多表数据表中检索数据……071

任务三　使用存储过程和存储函数……073

任务四 使用视图 075
项目检测 077
目标检测题一 077
目标检测题二 081

项目六 保障数据库安全 085
项目练习 086
任务一 使用触发器 086
任务二 使用事务 089
任务三 管理用户与权限 092
任务四 备份数据库 095
任务五 使用日志恢复数据 098
项目检测 101
目标测试题一 101
目标测试题二 104
综合检测 107
综合检测题一 107
综合检测题二 110
综合检测题三 113
综合测试题四 117

项目一　初始数据库

知识内容概述

本项目主要讲述了数据库的相关基本概念，包括关系数据模型与关系数据库的核心知识、关系数据库的设计步骤和方法、关系规范化原则和方法。这些内容将帮助初学者对数据库形成框架概念并能设计一套应用系统需要的满足范式要求的关系模式。

教学目标

知识要点	了解	理解	掌握	运用
对象与数据		√		
数据与信息		√		
数据处理与数据管理	√			
数据库及发展历程	√			
数据模型和数据模式		√		
概念模型相关概念		√		
数据库系统结构		√		
关系及相关概念		√		
关系数据模型		√		
关系数据库分析与设计方法	√			
概念设计绘制E-R图			√	
逻辑设计E-R图转数据模式			√	
关系的函数依赖		√		
规范化关系模式			√	

项目练习

[任务一] NO.1

认识数据与数据库

一、填空题

1.一个数据不但和某个属性关联，还具有__________和__________两个基本要素。

2.数据处理的核心是__________，目的是提供__________和__________。

3.人们在头脑中反映和解释客观事物的过程称为__________。

4.完整地描述一个数据可采用__________对。

5.属性是实体具有的__________，记录是______________________________________。

6.现代数据库系统的体系结构是_____________。三级数据模式分别是_____________、_____________、_____________。

7.外模式是应用程序需要的数据_________________，它来自____________________，也称为________________________。

8.数据记录一般由描述对象的__________________组成。

9.概念数据模型重点描述了客观系统中____________的___________和_____________。

10.实体之间的联系有_____________、_____________、____________三种。

二、选择题

1.下列关于数据的说法，正确的是（　　）。

A.一切符号记录都可称为数据　　B.信息是数据，数据也称为信息

C.数据是由数字组成的符号串　　D.图像、声音和视频不是数据

2.数据库系统的英文缩写是（　　）。

A.DB　　B.DBA　　C.DBMS　　D.DBS

3.数据库设计的核心任务是（　　）。

A.设计逻辑数据模型　　B.设计逻辑数据模式

C.设计外模式　　D.设计内模式

4.下列说法错误的是（　　）。

A.数据是一个数字串

B.数据可以有文字、图像、声音、视频等多种形式

C.数据具有类型和值两个要素

D.信息是有具体语义的数据

5.下列关于数据管理目的的说法，错误的是（　　）。

A.提高数据独立性　　B.提高数据共享性

C.提高数据冗余度　　D.提高数据安全性

三、判断题

1.数据就是信息。（　　）

2.数据库设计的核心是设计逻辑数据模式。（　　）

3.数据模型就是数据类型。（　　）

4.数据处理就是对数据进行运算。（　　）

5.逻辑数据模型是数据库设计人员与用户交流的工具。（　　）

6.通过使用外模式实现了数据的逻辑独立性。（　　）

四、简答题

1.现代数据库管理系统是怎样实现逻辑独立性的?

2.分析下列实体之间的联系。

（1）驾校学员与驾校

（2）指纹与人

[任务二]

NO.2

走进关系型数据库

一、填空题

1.记录中的每个数据称为______________，也称为____________________。

2.候选键是能_____________标识一个记录的______________或______________。

3.关系是一种________________，从逻辑上看它是一个________________。

4.一个表中的属性或属性组不是本表的主键，而是另一个表的主键，则这个属性或属性组称为___________________。

5.关系模式描述了___________________数据类型。

6.实体完整性是通过定义____________________来实现的。

7.字段约束一般有_______________、_______________、________________三种。

8.投影操作是选择______________来组成新关系。

9.关系表中同一行的各列数据组成_______________，也称为_______________。

10.关系数据的操作语言是_____________。它具有_____________、_____________、_______________和事务控制等功能。

二、选择题

1.下列关于主键和主属性的说法，正确的是（　　）。

A.一个关系只能有一个主键

B.一个关系只能有一个作为主键的属性

C.作主键的属性就是主属性

D.主键属性必须是单属性

2.下列每项中的两个概念是同义词的是（　　）。

A.字段与列　　B.记录与元组

C.码与键　　D.二维表与关系

3.与数据库设计无关的是（　　）。

A.数据流图　　B.E-R图

C.数据字典　　D.数据表

4.下列说法正确的是（　　）。

A.概念设计与DBMS无关

B.逻辑设计必须依赖DBMS

C.关系数据模型具体表现为一组关系数据模式

D.在把E-R转换为关系模式时，实体转换成关系，联系转换成属性

5.保证关系表中记录唯一性的是（　　）。

A.参照完整性　　B.域完整性

C.实体完整性　　D.用户定义完整性

三、判断题

1.实体的属性之间不能有联系。（　　）

2.在概念设计中实体和属性无明显界限，需视情而定。（　　）

3.关系的键可以取空值。（　　）

4.外键属性名必须与参照的主键属性同名。（　　）

5.关系模式是关系的“数据类型”。（　　）

6.触发器可用于实现用户定义完整性。（　　）

四、简答题

1.完成图书管理系统的概念设计，系统涉及图书、读者、管理员实体。一本图书有多本库存，一个读者最多可借3本图书，每本图书借阅时长为7天。日常业务有查询、借书、还书。请画出相应的E-R图。

2.有课程（课程号、课程名）、学生（学号、姓名）、成绩（学号、课程号、成绩）3个关系，请画出相应的E-R图。

[任务三]

NO.3

设计关系型数据库

一、填空题

1.E-R图称为____________，是对现实世界抽象得到的____________。

2.______________可以直观表达业务系统的逻辑流程。

3.多对多联系一般转换成____________的关系，该关系的主键是______________。

4.不规范的关系常引起_____________、_____________、________________等数据操作异常。

5.根据函数依赖的扩展性可知，若有X→Y，P→Q，则有________________。

6.属性间的不良函数依赖是指________________和________________。

7.BCNF消除了______________对候选键的______________和______________，也称为________________。

8.把低级范式的关系模式规范到高一级范式的方法是__________________。

9.在关系模式R（U）中，X、Y、Z是R上不同的属性集，且Y↛X，若有X→Y，Y→Z，则称__________________。

10.E-R模型中不论是实体还是联系都必须转换成___________________。

二、选择题

1.下列不是引起数据冗余的因素是（　　）。

A.属性是基本数据项

B.非主属性对候选键的部分函数依赖

C.非主属性对候选键的传递函数依赖

D.主属性对候选键的部分或传递函数依赖

2.消除非主属性对候选键的部分函数依赖后的关系模式属于（　　）。

A.BCNF　　B.3NF　　C.2NF　　D.1NF

3.当有（X，Y）→X，则有（X，Y）→Y，这是函数依赖的（　　）。

A.投影性　　B.扩展性　　C.合并性　　D.分解性

4.如果一个关系的候选键是单属性，这个关系一定属于（　　）。

A.1NF　　B.2NF　　C.3NF　　D.BCNF

5.下列关于关系模式的规范化说明，正确的是（　　）。

A.关系模式范式等级越高，数据库性能越好

B.关系模式范式等级越高，数据冗余越高

C.为了提高数据库性能，有时需要降低范式等级

D.关系模式范式等级越高越容易出现数据操作异常

三、判断题

1.属性间的函数依赖是根据语义和观察得来的。 ( )

2.一个属性组一定是函数决定它的一个非空子集。 ( )

3.BCNF实现了关系模式的完全分解，所以是最好的范式。 ( )

4.把关系模式水平分解生成子关系也具有相同的模式。 ( )

5.关系数据模型由一组关系模式组成。 ( )

6.如果候选键是单属性，则不可能存储部分函数依赖。 ( )

四、简答题

1.简述关系规范基本方法——投影分解法的操作流程。

2.有如下球队管理系统中的关系模式：一个球队可以有多名教练、多名球员，一个教练可以带多个球队，一个球员只属于一个球队。该模式属于哪一范式？存在什么问题？写出规范后的关系模式，属性名可适当调整。

球队（球队名，球队类型，教练，教练职称，球员姓名，球员特长）

项目检测

目标测试题一

一、填空题（每空2分，共30分）

1.DBMS是______________________________。

2.现代数据库系统的体系结构是______________________________。

3.使用二维表作为数据结构的数据模型是______________________，这个表也称为____________________。

4.关系的参照完整性约束要求外键的取值必须是____________________。

5.关系数据的操作语言是__________。

6.逻辑数据模式描述了数据库中__________的__________和特征。

7.函数依赖的投影性是指______________________________。

8.若有X→Y，X→Z，则有X→（Y，Z），这是函数依赖的__________。

9.关系规范化的基本原则是__________。

10.若Y不是X的子集，而存在X→Y，这种函数依赖称为__________。

11.不规范的关系常引起__________、__________、__________等数据操作异常。

二、选择题（每题3分，共30分）

1.下列不是逻辑数据模型的是（　　）。

A.实体联系模型　　B.网状数据模型

C.层次数据模型　　D.关系数据模型

2.下列关于二维表和关系的说法，不正确的是（　　）。

A.关系的逻辑结构是二维表　　B.二维表是关系表

C.关系表不能有相同的列　　D.关系表不能有相同的行

3.下列完整性约束，需要用户实现的是（　　）。

A.参照完整性　　B.实体完整性

C.基于元组的完整性　　D.域完整性

4.下列关于概念数据模型E-R图的说法，错误的是（　　）。

A.能直观表达系统中实体及属性和实体之间的联系

B.一个局部E-R图对应业务系统的一个应用

C.设计E-R图时要考虑DBMS的选用

D.E-R图是数据库设计人员和用户沟通的工具

5.在关系模式R（U）上，X、Y是属性集的子集，下面说法错误的是（　　）。

A.当X和Y有一对一的联系时，X和Y有相互函数依赖关系

B.当X和Y有一对多的联系时，则有函数依赖Y→X

C.当X和Y有一对多的联系时，则有函数依赖X→Y

D.当X和Y有多对多的联系时，X和Y之间不存在函数依赖关系

6.从现实世界到意识世界的抽象将使用的数据模型是（　　）。

A.机器数据模型　　B.逻辑数据模型

C.概念数据模型　　D.关系数据模型

7.在SQL语言中，用于实现数据访问控制的是（　　）。

A.DQL　　B.DML

C.DDL　　D.DCL

8.在数据库系统设计中，设计的核心是（　　）。

A.外模式　　B.模式

C.内模式　　D.数据库

9.下列缩写是数据系统的是（　　）。

A.DB　　B.DBS

C.DBMS　　D.DBA

10.书号如果在图书实体中使用字符串，而在借阅中使用整数编号，这是（　　）。

A.属性的类型冲突　　B.属性的域冲突

C.命名冲突　　D.结构冲突

三、判断题（每题2分，共20分）

1.数据就是信息。（　　）

2.从操作系统角度看数据库是一组文件的集合。（　　）

3.一条记录是关系模式的一个“值”。（　　）

4.关系描述一个实体集，记录描述一个实体。（　　）

5.外键必须取对应主表中主键的值。（　　）

6.关系表中不能有完全相同的记录，这是实体完整性的要求。（　　）

7.部分函数依赖和传递函数依赖是数据冗余和数据操作异常的根源。（　　）

8.关系的范式等级越高越好。（　　）

9.数据库是操作系统管理的数据文件。（　　）

10.SQL语言只能用来查询数据。（　　）

四、简答题（每题10分，共20分）

1.分析下列实体之间的联系。

（1）手机号与微信号

（2）父亲与孩子

2.说明关系运算中投影、选择和连接的结果组成。

目标测试题二

一、填空题（每空2分，共30分）

1.数据管理技术发展的经历了____________、____________、____________三个阶段。

2.一个完整的数据应表示为________，________对。

3.主属性是________。

4.现代数据库系统的体系结构中________的映射实现了数据库的逻辑独立性，________的映射实现了数据库的物理独立性。

5.关系的基本操作有________、________、________。关系操作的结果是________。

6.一对多联系转换成一个独立的关系，则这个关系的属性包括________和相关实体的________。

7.在关系模式R（U）中，如果有X→Y，且对于X的任何一个真子集X'，都有X'↛Y，则称________。

二、选择题（每题3分，共30分）

1.在数据管理技术中，程序和数据依赖性最强的是（　　）。

A.数据库管理　　B.大数据管理

C.人工管理　　D.文件管理

2.使用二维表作为数据结构的数据模型是（　　）。

A.关系数据模型　　B.层次数据模型

C.网状数据模型　　D.对象数据模型

3.下列说法不正确的是（　　）。

A.信息一定是数据

B.数据必须在一定的语义环境中才有意义

C.主属性一定是主键

D.关系是二维表，二维表不一定是关系

4.在关系模式R（U）中，如果Y是X的子集，则必然存在X→Y，这种函数依赖称为（　　）。

A.平凡函数依赖　　B.完全函数依赖

C.非平凡函数依赖　　D.部分函数依赖

5.关系必须满足的范式是（　　）。

A.1NF　　B.2NF

C.3NF　　D.BCNF

6.下列关于概念数据模型到关系模式转换的说法，正确的是（　　）。

A.一对一联系不能转换成独立的关系

B.一对多联系应与一端实体合并成一个关系

C.一对多联系可与多端实体合并成一个关系，其主键为一端实体的主键

D.一对多联系可独立成一个关系，其主键为多端实体的主键

7.消除了任何属性对候选键的部分函数依赖和传递函数依赖后的关系模式属于（　　）。

A.BCNF　　B.3NF

C.2NF　　D.1NF

8.若有X→（Y，Z），则有X→Y，X→Z，这是函数依赖的（　　）。

A.投影性　　B.扩展性

C.合并性　　D.分解性

9.下列属于概念设计的是（　　）。

A.画系统数据流图　　B.画E-R图

C.建立数据字典　　D.生成数据模式

10.与计算机硬件有关的数据模型是（　　）。

A.逻辑数据模型　　B.物理数据模型

C.概念数据模型　　D.关系数据模型

三、判断题（每题2分，共20分）

1.概念设计时不用考虑数据库将怎样实现的问题。（　　）

2.关系规范化的思想是消除数据冗余，解决数据操作异常。（　　）

3.一个实体集中键可以有多个，但主键只有一个。（　　）

4.只有数字才能表示数据。（　　）

5.属性间的函数依赖是通过数据推导出来的。（　　）

6.关系数据模式的范式越高越好。（　　）

7.E-R图表达了系统的业务逻辑流程。（　　）

8.关系中两个属性间有多对多的联系时，则它们之间没有函数依赖。（　　）

9.任何一个关系都满足1NF，这是关系性质决定的。（　　）

10.如果数据库从Windows平台转移到Linux平台，数据库应用程序也必须做相应的修改。（　　）

四、简答题（每题10分，共20分）

1.数据库设计有哪些主要阶段?

2.分析如下借阅关系模式存在的问题，然后进行规范化，解决相关问题。

借阅（读者编号，读者姓名，电话，图书编号，书名，作者，摘要，借阅日期，出版社，出版社地址）

项目二　创建数据库环境

知识内容概述

本项目首先讲述了MySQL数据库管理系统的发展历程和作为RDBMS具有的特性以及在行业中的应用情况；然后介绍了MySQL常用存储引擎的功能特点；最后介绍了MySQL数据库管理系统的安装和配置。这些内容有助于学习者理解和建立MySQL数据库应用环境。

教学目标

知识要点	了解	理解	掌握	运用
MySQL服务器	√			
MySQL发展简史	√			
MySQL分支	√			
MySQL特性	√			
MySQL应用前景	√			
存储引擎的地位与作用		√		
MySQL常用存储引擎	√			
InnoDB存储引擎特性	√			
MyISAM存储引擎特性	√			
MEMORY存储引擎特性	√			
安装MySQL的方法			√	
配置MySQL服务器			√	
登录MySQL服务器			√	
MySQL客户端基本用法			√	

项目练习

[任务一]

NO.1

认识MySQL数据库管理系统

一、填空题

1.数据库引擎是数据库管理系统的____________，它解决了数据库管理系统的__________和__________。

2.MySQL数据库管理系统采用____________架构，由一个服务器守护程序____________、一组客户程序和库组成。

3.使用InnoDB存储引擎时，表空间文件的文件名是____________。事务日志文件为____________和__________。

4.为提供快速查询能力，可使用____________存储引擎建立查询数据表。

5.CSV存储引擎的数据文件是________________的文本文件。

6.采用MyISAM存储引擎时，数据表由____________、____________、____________三个文件组成。

二、选择题

1.下列关于MySQL的说法，正确的是（　　）。

A.MySQL是甲骨文公司的商业数据库软件

B.MySQL使用固定的存储引擎

C.MySQL支持大数据处理

D.MySQL可以免费使用

2.大数据不具有的特性是（　　）。

A.结构化　　B.巨量化

C.类型多样化　　D.来源真实

3.下列不能跨平台工作的数据库管理系统是（　　）。

A.MySQL　　B.SQL Server

C.Oracle　　D.PostgreSQL

4.数据表仅存储在内存中的存储引擎是（　　）。

A.InnoDB　　B.MyISAM

C.BDB　　D.Memory

5.下列不是MySQL特性的是（　　）。

A.开源软件项目　　B.难以使用

C.拥有成本低　　D.跨平台

三、判断题

1.存储引擎决定了DBMS的功能和性能。（　　）

2.MySQL不支持大数据处理。（　　）

3.MySQL的同一数据库可以使用多种存储引擎。（　　）

4.MySQL与商业数据库相比，性能相近，成本更低。（　　）

5.MySQL是一个开源的数据库。（　　）

6.MySQL数据库管理系统是免费软件。（　　）

四、简答题

1.MySQL与SQL Server相比，有哪些突出的优势？

2.采用InnoDB存储引擎时，数据表存储需要使用哪些文件？

[任务二]

NO.2

安装配置MySQL数据库管理系统

一、填空题

1.登录MySQL服务器时，需要正确提供________和________。

2.MySQLd是MySQL服务器的________。________是MySQL提供的命令行客户端。

3.配置项basedir用于设置________，datadir用于设置________。

4.使用账号emp登录MySQL服务器的命令是________。

5.MySQL的数据文件存储在________目录中。

6.MySQL提供网络服务的默认端口是________。

7.安装MySQL服务器时自动创建的管理员账号是________。

8.Windows中MySQL服务器的配置文件是________。

二、选择题

1.MySQL支持的数据模型是（　　）。

A.层次数据模型　　B.网状数据模型

C.关系数据模型　　D.面向对象数据模型

2.在生产环境使用MySQL，最好选择的版本是（　　）。

A.GA　　B.RC　　C.Alpha　　D.Bean

3.下列存储引擎中，支持事务处理的是（　　）。

A.MyISAM　　B.Memory　　C.InnoDB　　D.Merge

4.配置MySQL默认存储引擎的配置项是（　　）。

A.default-character-set　　B.sql-mode

C.default-storage-engine　　D.collation-server

5.下列关于MySQL的说法，不正确的是（　　）。

A.MySQL的存储引擎可以根据实际应用需要来选择

B.在MySQL数据库中可以混合使用多种存储引擎

C.MySQL是一个开源数据库管理软件系统

D.MySQL只能在Windows系统中运行

三、判断题

1.MySQL的winx64版可以安装在32位平台上。（　　）

2.root账号的密码为空时，不能管理数据库。（　　）

3.MySQL的同一数据库可以使用多种存储引擎。 ( )

4.data文件夹误删后，可以用资源管理器重新创建。 ( )

5.客户端与服务端设置的字符集不兼容时，会出现乱码。 ( )

6.[mysql]配置节用于设置客户端的工作参数。 ( )

四、简答题

1.简述下列MySQL主要配置参数的作用。

（1）port

（2）basedir

（3）datadir

（4）default-storage-engine

（5）default-character-set

2.MySQL的数据文件夹data被误删除后，应怎样重建?

项目检测

目标测试题一

一、填空题（每空2分，共30分）

1.MySQL 8的默认存储引擎是________。

2.存储引擎是DBMS的____________软件组件，是DBMS的____________。

3.MySQL的存储引擎能支持事务的是________和__________。

4.安装包文件名中的i686代表__________版本，X86_64代表________位版本。

5.在配置文件中[mysqld]行以下的配置用于设置________行为特性实施控制。

6.MySQL安装目录中的子目录bin存储的是________文件。

7.在MySQL的配置文件中，在配置项前加______________，可以让配置无效。

8.配置项basedir用于设置______________________。

9.配置节client后的配置项用于设置______________的工作参数。

10.MySQL存储数据库相关文件的目录是______________。

11.MySQL本地服务器名是__________________。

12.MySQL通过支持____________________来实现大数据处理。

二、选择题（每题3分，共30分）

1.在MySQL数据库管理系统中，命令行客户工具是（　　）。

A.mysqld　　B.mysql

C.mysqladmin　　D.mysqldump

2.在生产环境使用MySQL，选择最佳的版本是（　　）。

A.GA　　B.RC

C.Alpha　　D.Bean

3.当前大数据的数量级一般在（　　）。

A.MB　　B.GB

C.TB　　D.PB

4.使用账号sa登录MySQL的命令是（ ）。

A.MySQL-usa-P
B.MySQL-usa-p
C.MySQL-u sa-P
D.MySQLd-u sa-p

5.配置MySQL默认字符集的配置项是（ ）。

A.default-character-set
B.sql-mode
C.default-storage-engine
D.collation-server

6.下列不是MySQL分支的是（ ）。

A.MariaDB
B.Drizzle
C.Percons
D.PostgreSQL

7.MySQL的图形客户端是（ ）。

A.Navicat for MySQL
B.SQLyog
C.phpMyAdmin
D.MySQL Workbench

8.MySQL的安装文件夹中，存储数据库相关管理程序的子文件夹是（ ）。

A.bin
B.doc
C.lib
D.share

9.下列为MySQL的命令行客户端工具的是（ ）。

A.mysqld
B.mysql
C.mysqladmin
D.mysqlcheck

10.MySQL客户端输入语句的默认结束符是（ ）。

A.句号
B.回车
C.井号
D.分号

三、判断题（每题2分，共20分）

1.配置项basedir定义了MySQL数据库的数据存储目录。（ ）

2.MySQL没有配置文件也能正常工作。（ ）

3.MySQL的GA版是最稳定的版本。（ ）

4.安装MySQL时不能自主选择安装目录。（ ）

5.MySQL的同一数据库只能使用一种存储引擎。（ ）

6.任何DBMS都支持可插入存储引擎。（ ）

7.MySQL设置了默认存储引擎后，就只能用默认存储引擎。（ ）

8.MySQL数据库管理系统是免费软件。（ ）

9.[client]配置节用于设置MySQL客户端的相关参数。（ ）

10.MySQL是网络数据库管理系统。（ ）

四、简答题（每题10分，共20分）

1.MySQL三个分支的名称与服务领域分别是什么?

2.大数据有哪些典型特征?

目标测试题二

一、填空题（每空2分，共30分）

1.配置项datadir用于设置＿＿＿＿＿＿＿＿＿＿＿＿。

2.MySQL安装包中，有winx64字样的文件表示是＿＿＿＿＿＿＿＿＿＿平台的安装包。

3.数据库引擎决定了数据库管理系统的＿＿＿＿＿＿＿＿和＿＿＿＿＿＿＿＿。

4.登录MySQL主机198.230.76.250的命令是＿＿＿＿＿＿＿＿＿＿。

5.查看MySQL版本信息的语句是＿＿＿＿＿＿＿＿＿＿＿＿。

6.使用账号cashier登录181.222.89.231的MySQL服务器的语句是＿＿＿＿＿＿＿＿＿＿＿＿。

7.在Windows下安装MySQL需要提前安装＿＿＿＿＿＿＿＿＿＿编程框架和＿＿＿＿＿＿＿＿＿＿运行时库。

8.MySQL是可以在＿＿＿＿＿、＿＿＿＿＿、＿＿＿＿＿等操作系统平台上运行的跨平台数据库管理系统。

9.使用InnDB存储引擎时，数据库主要由＿＿＿＿＿＿＿、＿＿＿＿＿＿＿、＿＿＿＿＿＿＿三个文件组成。

二、选择题（每题3分，共30分）

1.下列用于配置MySQL安装目录的配置选项是（　　）。

A.datadir　　B.basedir

C.dbmsdir　　D.homedir

2.包含MySQL最新特性的版本是（　　）。

A.RC　　B.GA

C.Alpha　　D.Bean

3.Linux版本的MySQL安装包中表示32位的标志是（　　）。

A.i686　　B.X86_32

C.win32　　D.X86_64

4.下列是MySQL特性的是（　　）。

A.Oracle出品的商业软件　　B.复杂不易使用

C.不适应大数据处理　　D.跨平台

5.配置MySQL默认字符集的配置项是（　　）。

A.default-character-set　　B.sql-mode

C.default-storage-engine　　D.collation-server

6.在MySQL数据库管理系统中，备份工具是（　　）。

A.mysqld　　B.mysql

C.mysqladmin　　D.mysqldump

7.在MySQL客户端中，命令的结束符是（　　）。

A.回车换行符　　B.反斜线

C.冒号　　D.分号

8.在MySQL客户程序中，用于指定服务商品的参数是（　　）。

A.-p　　B.-u

C.-h　　D.-P

9.MySQL安装包中有I586字样的文件可适应的平台是（　　）。

A.32位Windows　　B.64位Windows

C.32位Linux　　D.64位Linux

10.下列用于配置MySQL客户端特性的配置节是（　　）。

A.mysql　　B.server

C.client　　D.host

三、判断题（每题2分，共20分）

1.MySQL的数据表可以保存在一个文件中。（　　）

2.必须使用root账号才能管理数据库。（　　）

3.客户端与服务端设置可以采用不同的字符集。（　　）

4.MySQL通过JSON支持大数据处理。（　　）

5.MySQL 8的默认存储引擎是MyISAM。（　　）

7.MySQL的同一数据库只能使用一种存储引擎。（　　）

8.Memory存储引擎可提供数据访问的速度。（　　）

9.MySQL是专用数据库管理系统。（　　）

10.[client]配置节用于设置MySQL客户端的工作参数。（　　）

四、简答题（每题10分，共20分）

1.MySQL配置文件中主要配置节的作用是什么?

2.采用MyISAM存储引擎时，数据表存储需要使用哪些文件?

项目三　体验数据处理

知识内容概述

本项目主要讲述了MySQL中数据处理的基础知识，包括MySQL中支持的数据类型，MySQL中支持的各种运算符，最后还通过实例对MySQL常用的各类函数进行应用。这些内容是实现数据处理的基础。

教学目标

知识要点	了解	理解	掌握	运用
数值类型		√		
日期时间类型		√		
字符串类型				√
算术运算符				√
比较运算符				√
逻辑运算符				√
位运算符			√	
数值函数				√
字符串函数				√
日期时间函数				√
加密函数	√			
类型转换函数			√	
系统信息函数			√	
数值类型		√		

项目练习

[任务一]

NO.1

认识数据类型

一、填空题

1.tinyint需要1个字节来存储，那么tinyint无符号数的最大值为________________。

2.浮点数类型包括________________与________________。

3.双精度浮点数占用________________个字节。

4.在需要表示金额等货币类型时优先选择________________数据类型。

5.如果要表示________________，一般会使用date类型。

6.双精度浮点数类型的小数的取值范围和精度远远________________单精度浮点数类型的小数。

7.decimal（5,2）表示小数的取值范围是-999.99 ~ ________________。

8.字符串类型检索时，__________删除尾部的空格，__________则保留尾部的空格。

9.如果需要经常插入或者更新日期为________________时间，一般会使用timestamp类型。

10.varchar类型字段保存最大的字符数是________________。

二、选择题

1.常用的整数类型是（　　）。

A.tinyint　　B.mediumint

C.int　　D.bigint

2.商品的销售日期应该定义的数据类型是（　　）。

A.date　　B.char

C.dec　　D.varchar

3.decimal（18,9）会在小数点两边各存储（　　）个数字，共占用（　　）个字节的存储空间。

A.9;9　　B.9;18

C.18;9　　D.18;18

4.下列类型中，不是MySQL常用数据类型的是（　　）。

A.var　　B.int

C.char　　D.time

5.下列关于datetime与 timestamp两种数据类型的描述，错误的是（　　）。

A.两者值的范围不一样

B.两者值的范围一样

C.两者占用的空间不一样

D.timestamp可以自动记录当前的日期时间

6.在非严格模式下，保存250到tinyint类型字段时实际保存值是（　　）。

A.250　　B.0

C.127　　D.128

7.下列表示可变长度字符串的数据类型是（　　）。

A.text　　B.char

C.varchar　　D.emum

8.set的合法取值列表最多允许有（　　）个。

A.64　　B.65535

C.127　　D.128

9.字面量2021.21选择的数据类型是（　　）。

A.整数类型　　B.小数类型

C.日期类型　　D.字符串类型

10.varchar（10）中插入5个字符的字符串，则实际存储的字符串为（　　）个。

A.5　　B.6

C.10　　D.15

三、判断题

1.数据类型存储的值的范围越大，所需的存储空间也会越大。（　　）

2.MySQL允许“不严格”语法。（　　）

3.无符号关键字只能修饰整数类型。（　　）

4.输入191231050505，插入的datetime为2019-12-31 05:05:05。（　　）

5.字符串型数据的空字符串是NULL；数值型数据的0是NULL。（　　）

6.空字符串也是一个合法的set值。（　　）

7.如果要表示年月日时分秒，一般使用time类型。（　　）

8.dec默认的精度设置为decimal（10,0），没有小数部分。（　　）

9.浮点数除了小数形式，还可以使用指数形式。（　　）

10.char、varchar和varbinary的长度单位是字符。（　　）

四、简答题

1.简述blob和text的区别。

2.简述MySQL中varchar与char的区别以及varchar（50）中50代表的含义。

NO.2 [任务二]

实现数据运算

一、填空题

1.MySQL支持的算术运算符包括加、减、乘、除和________________运算。

2.表达式64%3的值是____________，表达式37%8的值是_______________。

3.2=2和'2' =2的返回值相同，都为____________________。

4.比较运算符可以用于比较数字、_________________和表达式。

5.一个操作数为字符串，另一个操作数为整数，则按照______________进行比较。

6.字符型数据按照_____________________比较大小。

7._________________________和!都是逻辑非运算符，返回和操作数相反的结果。

8.表达式1 xor 1 xor 1的值是____________________。

9.表达式4 between 4 and 6的值是__________________。

10._________________运算符对二进制数据进行操作。

二、选择题

1.100/3的结果是（　　）。

A.33.33　　B.33.333333

C.33　　D.无法执行

2.表达式not 1+1的返回值为（　　）。

A.0　　B.1　　C.2　　D.NULL

3.表达式null<=>null的返回值为（　　）。

A.0　　B.1　　C.null　　D.NULL

4.运算符MySQL中的算术运算符是（　　）。

A. ×　　B. ÷　　C. /　　D.=

5.下列运算符中，优先级最低的是（　　）。

A.not　　B.+　　C.%　　D.!

6.已知X的值为1，表达式X=X+1的值为（　　）。

A.1　　B.2　　C.0　　D.NULL

7.下列不是MySQL中的比较运算符的是（　　）。

A.!=　　B.< >　　C.= =　　D.>=

8.下列正确的大于等于运算符是（　　）。

A.<=　　B.>=　　C.=<　　D.=>

9.下列逻辑运算符的优先级排列，正确的是（　　）。

A.and/not/or　　B.not/and/or

C.or/not/and　　D.or/and/not

10.下列否定语句搭配，正确的是（　　）。

A.not in　　B.in not

C.is not null　　D.not between and

三、判断题

1.使用mod（3,2）函数与3%2的结果一样。（　　）

2.字符串类型可以参加算术运算。（　　）

3.运行123456 like '%321'时，返回值为1。（　　）

4.比较运算符的优先级高于算术运算符。（　　）

5.字符串的比较是不区分大小写的。（　　）

6.逻辑非运算符的优先级高于加法运算符。（　　）

7.and运算符可以有多个操作数， 但and两边一定要使用空格隔开。（　　）

8.逻辑值的“真”和“假”可以用逻辑常量true和false表示。（　　）

9.在字符串比较中，所有英文都比数字大。（　　）

10.位运算是计算机能够支持的最小单位的运算。（　　）

四、按要求写出正确的表达式

1.3X6+8Y的表达式是________________________________。

2.2lXl+X2的表达式是________________________________。

3.年龄在25岁以上的女员工的表达式是________________________。

4.判断备注是否为空的表达式是__________________________。

5.单价不等于9.99的商品的表达式是________________________。

NO.3

[任务三]

使用系统函数

一、填空题

1.__________________函数返回大于x的最小整数值。

2.__________________函数返回x的绝对值。

3.查询lower('ChongQing2020')的值是________________________。

4.将多个字符串拼接为一个字符串的函数是_____________________。

5.返回日期date为一年中第几季度的函数是_____________________。

6.______________________函数用于获取MySQL服务器的当前时间。

7.加密函数包括字符串加密函数和字符串_____________________等。

8.convert(x,type)函数的功能是_____________________________。

9.____________________________函数返回当前数据库名。

10.返回指定列的总和的聚合函数是__________________________。

二、选择题

1.函数 round(4.45,1)的返回值为（　　）。

A.4.4　　B.4　　C.4.5　　D.5

2.函数floor(rand()*10)返回值的范围是（　　）。

A.0～1　　B.0～10

C.0～9　　D.1～9

3.比较字符串a和b的大小，使用函数（　　）。

A.concat　　B.trim

C.strcmp　　D.space

4.函数concat('hel','lo', null)的返回值为（　　）。

A.hello　　B.null

C.hel　　D.lo

5.函数insert('Football',-1,4,'Play')的返回值为（　　）。

A.Laytball　　B.Playball

C.Football　　D.FPlayall

6.用来向日期添加指定的时间间隔的函数是（　　）。

A.datediff　　B.date_add

C.date_format　　D.dateofmonth

7.函数date_add('2021-06-26 23:59:59', interval '1:1' hour_minute)的返回值为（　　）。

A.2021-06-27 01:00:59　　B.2021-06-27 01:01:00

C.2021-06-26 01:00:59　　D.2021-07-27 23:59:59

8.函数cast('3.55' as signed)的返回值为（　　）。

A.3　　B.3.5　　C.4　　D.3.6

9.下列函数不能返回当前登录用户名的是（　　）。

A.system_user()　　B.current_user()

C.session_user()　　D.connection_id()

10.下列函数能对字符串进行解密的是（　　）。

A.aes_encrypt　　B.decode

C.encode　　D.md5

三、判断题

1.所有函数都必须传入参数。（　　）

2.数值函数在数学运算的过程中，如果发生错误，返回值为NULL。（　　）

3.mocl(x,y)函数等价于x%y。（　　）

4.为了让MySQL较好地支持中文，在安装MySQL时，应该将数据库服务器的缺省字符集设定为GB2312。（　　）

5.ltrim、rtrim、trim函数既能去除半角空格，又能去除全角空格。（　　）

6.使用类型转换函数convert(x,type)，x的数据类型将发生变化。（　　）

7.通过“+”可以将多个字符串连接为一个字符串。（　　）

8.使用now()函数可返回当前的日期。（　　）

9.加密与解密函数都需要传入参数值。（　　）

10.任何字符串与NULL进行连接的结果都将是字符串本身。（　　）

四、根据下列要求书写相应的表达式

1.求所有商品大于单价的最小整数值。

2.表示出商品单价保留小数点后两位。

3.将商品编号中的字母都变成小写字母。

4.查找姓李的员工。

5.按照“日 月 年”格式返回当前日期。

6.返回当前日期为一年中的第几周。

7.将商品编号转成decimal类型。

8.返回当前客户的连接ID次数。

项目检测

目标测试题一

一、填空题（每空3分，共30分）

1.tinyint数据类型占用的字节数为__________________。

2.在需要表示金额等货币类型时优先选择__________________类型。

3.位数据bit(7)的一个字面量写成__________________。

4.如果要表示时分秒，一般会使用__________________类型。

5.select -2.0*5.0;的结果为__________________。

6.select 'Abc'='abc';的结果为__________________。

7.select not 1+1;的结果为__________________。

8.拼接字段的函数是__________________。

9.返回当前日期的函数是__________________。

10.version() 返回MySQL__________________。

二、选择题（每题3分，共30分）

1.下列不是数值型数据类型的是（　　）。

A.int　　B.set　　C.dec　　D.double

2.某数值型字段宽度为5，其小数位最多为（　　）。

A.2　　B.3　　C.4　　D.5

3.表达式!1+1的返回值为（　　）。

A.0　　B.1　　C.2　　D.NULL

4.在算术运算符、比较运算符、逻辑运算符三种符号中，它们的优先级排列（从高到低）正确的是（　　）。

A.算术/逻辑/比较　　B.比较/逻辑/算术

C.比较/算术/逻辑　　D.算术/比较/逻辑

5.查找条件为“姓名不是NULL”的记录的条件子句是（　　）。

A.where name! null　　B.where name not null

C.where name is not null　　D.where name!=null

6.条件“between 20 and 30”表示年龄在20~30，且（　　）。

A.包括20岁，不包括30岁　　B.不包括20岁，包括30岁

C.不包括20岁和30岁　　D.包括20岁和30岁

7.格式化日期的函数是（　　）。

A.datediff()　　B.date_format()

C.day()　　D.curdate()

8.在字符串比较中，下列正确的是（　　）。

A.所有标点符号都比数字大

B.所有数字都比汉字大

C.所有英文字母都比数字小

D.所有英文字母都比汉字小

9.下列函数中，结果为字符型的是（　　）。

A.monthname　　B.week　　C.dayofweek　　D.month

10.表达式floor(Rand() * 10)返回值的范围是（　　）。

A.0~1　　B.0~9　　C.0~10　　D.1~9

三、判断题（每题2分，共20分）

1.87398143不能声明为数值型。（　　）

2.字符型既可用单引号也可用双引号将串值括起来。（　　）

3.位类型的取值范围是0~64。（　　）

4.字符串“2008-8-15”和整数20080815都可以代表2008年8月15日。（　　）

5.NULL和null都代表空值。（　　）

6.!<在MySQL中的含义是不小于。（　　）

7.1l0的结果为1。（　　）

8.比较运算符在运算顺序上没有先后之分，总是先到先算。（　　）

9.ltrim(s)表示去掉字符串s开始处的空格。（　　）

10.返回当前用户名的函数有4种表示方法。（　　）

四、综合题（共20分）

下表是立生超市库存表的部分数据记录。请根据此表完成题1和题2。

入库编号	入库商品编号	入库数量	单价	总价	入库日期
20201126cg001123	hh007	50	19.00	950.00	2020-11-26
20201202cg002121	jy001	45	8.00	360.00	2020-12-02
20201204cg001122	jz003	30	5.80	174.00	2020-12-04
20201126cg003123	sp008	35	4.50	157.50	2020-11-26
20201210cg001124	ty009	12	55.50	660.00	2020-12-10
20210202cg002121	cz001	55	10.00	550.00	2021-02-02

1.为库存表的各字段设计合适的数据类型。（6分）

2.根据要求填写下列表达式。（6分）

（1）入库数量在30以上或者单价低于15.00

（2）入库日期在2020年12月期间

（3）2020-11-26的总入库数量

3.计算下列函数的值。（8分）

（1）floor(5.80)

（2）substring('20201126cg003123',8,5)

（3）month('2021-02-02')

（4）cast('jy001'as decimal)

目标测试题二

一、填空题（每空3分，共30分）

1.某字段要使用auto _increment的属性时，该字段必须是____________类型的数据。

2.smallint数据类型占用的字节数为____________。

3.char(10) 中插入5个字符的字符串，则实际存储的字符串为____________个字符。

4.对一个超过200个汉字的内容，应用一个____________型的字段来存放。

5.日期数据按____________进行比较。

6.____________运算符的优先级最高。

7.select 4 between 5 and 10;的结果为____________。

8.比较运算符的运算结果有____________种。

9.conact('happy','boy')的字符串连接结果是____________。

10.database() 函数返回当前____________。

二、选择题（每题3分，共30分）

1.下列是MySQL数据类型的是（　　）。

A.bigint　　B.tinyint　　C.integer　　D.int

2.decimal的数据类型是（　　）。

A.可变精度浮点值　　B.整数值

C.双精度浮点值　　D.单精度浮点值

3.下列不属于字符型数据的是（　　）。

A.重庆　　B."can't"　　C."2+3"　　D."中国梦"

4.创建数据表时，下列类型中宽度不可以省略的是（　　）。

A.date　　B.int　　C.char　　D.text

5.MySQL中的比较运算符“不等于”有（　　）种表示方法。

A.1　　B.2　　C.3　　D.4

6.show databases like "student%"命令不可以显示的数据库是（　　）。

A.student_my　　B.studenty

C.mystudent　　D.student

7.下列运算符优先级最高的是（　　）。

A.*　　B.–　　C.>=　　D.!=

8.返回字符串长度的函数是（　　）。

A.len ()　　B.length ()　　C.left ()　　D.long ()

9.函数datediff('2021-01-01','2021-02-02')的返回值为（　　）。

A.32　　B.-32　　C.31　　D.-31

10.函数cast('8.75zg' as decimal)的返回值为（　　）。

A.8　　B.8.8　　C.9　　D.8.75

三、判断题（每题2分，共20分）

1.varchar类型的数据长度默认是8000个字节。（　　）

2.两位数字串00('00')~ 69('69')表示的年份是0000—2069。（　　）

3.所有timestamp列在插入NULL值时，自动填充为当前日期和时间。（　　）

4.set类型的字段只允许从一个集合中取得某一个值。（　　）

5.字符型的87398143是不参与计算的。（　　）

6.in(20,30,40)表示范围为20~40。（　　）

7.not和!都是逻辑非运算符，优先级也一样。（　　）

8.<=>操作符和=操作符类似，不过=可以用来判断 NULL 值。（　　）

9.cast('15.85' as unsigned)和cast('15.85' as decimal)的返回值一样。（　　）

10.函数dayofweek的返回值的范围为0~6。（　　）

四、综合题（共20分）

下表是立生超市销售表的数据结构。请根据此表完成题1和题2。

字段名	字段描述	字段类型	长度	主/外键	字段值约束	对应中文名
sid	SaleID	char	20	P	Not null	销售编号
mid	MerchID	char	5	F	Not null	商品编号
sdate	SaleDate	date			Not null	销售日期
snum	SaleNum	Int			Not null	销售数量
sprice	SalePrice	dec	6,2		Not null	销售单价

其中：sid=日期（202010131727）+uid+3位序号

mid=两类别字母+3位序号

uid=两类别字母+3位序号

1.根据字段类型为销售表写3条合适的数据。（6分）

2.利用函数完成下列要求。（6分）

（1）返回销售单价四舍五入后有2位小数的值。

（2）将商品编号、销售日期拼接为一个字符串。

（3）将商品编号中出现的字符串sp替换成qi。

（4）计算销售日期距离当前日期的天数。

3.根据要求写出表达式的值。（18分）

（1）9.99*50+10.00*7

（2）not 10+1

（3）30 between 35 and 60

项目四　建立数据库

知识内容概述

本项目通过完成立生超市管理系统数据库的物理设计，认识MySQL数据库对象及作用、数据库物理设计的内容与原则，学习创建数据库、数据表，完成数据录入与维护、索引创建和维护等相关命令，为后继学习数据的查询、存储、创建视图等打好基础。

教学目标

知识要点	了解	理解	掌握	运用
MySQL数据库组成对象	√			
MySQL数据库对象的作用	√			
数据库物理设计内容		√		
数据库物理设计原则			√	
MySQL系统数据库的作用		√		
创建数据库				√
选用数据库				√
删除数据库			√	
数据表结构的组成	√			
创建数据表			√	
插入数据到数据表				√
修改数据表结构			√	
更新数据表中的数据				√
删除数据表中的记录				√
索引类型		√		
索引设计原则		√		
创建索引			√	
删除索引			√	

项目练习

[任务一] NO.1

认识MySQL数据库对象

一、填空题

1.在进行数据库的____________________之前必须完成数据的逻辑数据模式设计。

2.MySQL数据库系统的所有______________________操作最终都是对数据表的操作。

3.MySQL数据库中的视图实际上是一个_______________表，虽然它可以像数据表一样操作处理，但实际上它的数据可能来自不同的数据表。

4.存储过程是指存储在数据库中的用SQL语言编写的实现了某种___________________功能的程序模块。

5.在MySQL中，函数是有返回值的____________________。

6.在数据库的存储记录结构设计中主要考虑_______________的组成、数据项属性、逻辑记录到存储记录的映射等内容。

7.在MySQL数据库中，__________________决定数据的访问路径和访问方法。

8.MySQL的配置文件名是________________________，可以修改此文件内容来满足特定的应用要求。

9.在MySQL中，用户可以通过选择不同的存储引擎来简单完成数据库的____________设计。

10.InnoDB的数据库逻辑上分为表空间、________________、______________和页。

二、选择题

1.设计数据库物理结构时主要考虑存储结构、存储位置和（　　）。

A.数据内容　　　　B.访问方法

C.计算机型号　　　　D.数据表数量

2.在MySQL中，所有存储记录的集合就是（　　）。

A.数据表　　　　B.数据文件

C.数据库　　　　D.数据库管理系统

3.在MySQL中，数据库典型的存储结构是数据表和（　　）。

A.聚簇　　B.索引

C.视图　　D.触发器

4.将属性上具有相同值的记录，集中在一个物理存储块的数据结构是（　　）。

A.索引　　B.指针

C.聚簇　　D.视图

5.通过数据表主键检索数据的访问路径是（　　）。

A.辅助访问路径　　B.主访问路径

C.相对访问路径　　D.绝对访问路径

6.为保证数据存储的安全性，下列说法错误的是（　　）。

A.数据表和索引文件分开存放

B.数据文件和日志文件一起存放，便于查看

C.数据文件和相应的备份文件分开存放

D.数据库的易变部分和稳定部分分开存放

7.数据模式在DBMS中的物理体现是（　　）。

A.索引　　B.视图

C.数据表　　D.用户

8.MySQL 8.0以上版本默认的存储引擎是（　　）。

A.innoDB　　B.MySQL

C.Memory　　D.MyISAM

9.innoDB存储引擎的逻辑结构不包含（　　）。

A.表空间　　B.页

C.段　　D.记录

10.下列各项不是MySQL数据库对象的是（　　）。

A.用户　　B.索引

C.视图　　D.数据文件

三、判断题

1.MySQL数据表的核心组件是数据库。（　　）

2.视图是一种独立的数据表，可以存储数据。（　　）

3.触发器能对数据表数据的插入、更新、删除事件起特殊作用。（　　）

4.一条存储记录可以对应多条逻辑记录。（　　）

5.索引不能保证对应表的实体完整性。（　　）

6.聚簇可以提高数据表的查询速度，但会降低更新速度。（　　）

7.将日志文件和数据库对象分开存储是最安全的存储方法。（　　）

8.数据表和索引分开存放时会引起数据库访问出错，应该放在一起。（　　）

9.视图中存放的是物理数据本身。 ( )

10.聚簇是一种数据结构，该结构保证了数据的实体完整性。 ( )

四、简答题

1.简述MySQL数据库的组成对象。

2.数据库的物理设计包含哪几个方面?

NO.2

［任务二］

创建 MySQL 数据库

一、填空题

1.在MySQL数据管理系统中，数据库是用来管理________对象。

2.在MySQL中，用户查看自己权限下的数据库列表的命令是________。

3.创建数据库就是在磁盘上划分一块区域用于数据的________和________。

4.MySQL 服务器的核心数据库是________。

5.________数据库主要用于MySQL服务器的性能调优和诊断。

6.使用________命令选择当前使用的数据库。

7.在MySQL中，删除数据库supermark的命令是________。

8.在配置文件my.ini中设置MySQL数据库存放目录为d:/mysql的命令格式为________。

9.启动MySQL服务器时，将读取配置文件my.ini的配置参数到________中，以便系统快速调用。

10.使用drop 命令删除数据库时，系统________（有/无）提示信息。

二、选择题

1.在MySQL中，不能出现在数据库名称中的字符是（　　）。

A.汉字　　B.数字　　C.字母　　D.分号

2.下列各项不是合法数据名的有（　　）。

A.sale2　　B.2sale　　C.sale_name　　D.销售表

3.下列能实现在当前用户下创建“销售”数据库的语句是（　　）。

A.create databases 销售　　B.create databases 销售;

C.create database 销售;　　D.create datebase 销售;

4.下列能实现在当前用户下删除“超市”数据库的语句是（　　）。

A.create databases 超市;　　B.drop datebase 超市;

C.drop database if exist超市;　　D.drop databases 超市

5.能收集数据库服务器性能参数，为 MySQL服务器运行提供底层监控功能的是（　　）。

A.information_schema　　B.performance_schema

C.mysql　　D.sys

6.在MySQL的系统数据库中，访问数据库和表的权限存放在（　　）。

A.information_schema　　B.performance_schema

C.mysql　　D.sys

7.当没有选择任何数据库时，执行select database( );，系统会显示（　　）。

A.ERROR　　B.NULL

C.NO DATABASE　　D.NO TABLE

8.在my.ini文件中，配置客户端程序参数是（　　）。

A.[client]　　B.[mysql]　　C.[mysqld]　　D.[server]

9.下列各项中，能查询当前用户下数据库名中包含merchin的语句是（　　）。

A.show databases like '%merchin%';

B.show database like '%merchin%'

C.show database like '%merchin%';

D.show databases like '%merchin';

10.能在命令提示行查看当前使用的默认引擎语句是（　　）。

A.show variables　like ' default_storage_engine '

B.select @@default_storage_engine;

C.select variables　like ' default_storage_engine ';

D.show @@default_storage_engine;

三、判断题

1.在MySQL中创建的数据库不会自动成为当前数据库。（　　）

2.超级用户可以删除任何数据库文件。（　　）

3.选用supermark作为当前数据库的命令是use supermark。（　　）

4.在MySQL中，drop database会删除数据库及其库中的数据表。（　　）

5.删除information_schema数据库，系统将不能正常使用。（　　）

6.在Linux系统中，安装MySQL之前必须配置好my.ini文件。（　　）

7.MySQL的数据库名可以使用任何字符，而且不限长度。（　　）

8.在同一个服务器中，可以创建名称相同的数据库。（　　）

9.删除数据库时，其中的表、视图、索引、存储过程都将被删除。（　　）

10.不小心删除了系统数据库，可以创建一个同名的普通数据库代替。（　　）

四、程序填空

登录MySQL，查看、创建和删除数据库的操作步骤如下。

1.用管理员账户登录MySQL数据库。打开windows powershell窗口，输入命令登录用户名和密码，命令如下：

ps c:\windows\system32>mysql-u root-p

Enter password: ******

2.查看数据库列表。

mysql> ______________________________ /*查看数据库列表*/

3.创建立生超市管理系统数据库markdb。

mysql> ______________________________

4.选择markdb为当前数据库，并查看其信息。

mysql> ______________________________ /*选择当前数据库*/

mysql> show create database markdb \G; /*查看数据库信息*/

5.删除数据库markdb。

mysql> ______________________________ /*删除数据库*/

[任务三]

NO.3

创建数据表

一、填空题

1.在MySQL数据库对象中，数据存储的实际对象是________________。

2.创建数据表主要包括创建表结构和______________________两个任务。

3.数据表的字段主要包括字段的名称、类型、__________________________和约束条件等内容。

4.创建数据表之前，要选择数据库，选择数据库的命令是______________________。

5.查看当前数据库中数据表的命令是____________________________。

6.以列表形式显示数据表provider的结构信息，可使用命令_____________________。

7.向数据表插入记录的命令关键字是_____________________。

8.约束字段值不能为空的关键字是________________________。

9.插入数据时一定要确保数据列表和________________列表一一对应。

10.查看数据表merchinfo的数据记录的命令语句是____________________。

二、选择题

1.在MySQL中，不能出现在数据表名称中的字符是（　　）。

A.汉字　　B./*　　C.字母　　D.数字

2.下列各项中，不是合法数据表名的是（　　）。

A.strock　　B.5strock　　C.str5cor　　D.strcok;

3.定义销售表sale中的销售编号(sid)字段为可变长字符型，最大长度为20，并且作为主键的正确语句是（　　）。

A.sid char 20　　B.sid varchar 20 primary key

C.sid varchar(20) primary key　　D.sid char(20) primary key

4.定义销售表sale中的商品编号(mid)字段为固定长度字符型，长度为5，不允许空值的正确语句是（　　）。

A.mid char(5)　　B.mid char 5

C.mid char(5) not null　　D.mid char 5 not null

5.在MySQL中定义表结构时，不同字段之间的分隔符是（　　）。

A.空格　　B.分号（;）

C.逗号（，）　　D.顿号（、）

6.定义表结构时，指定字段默认值属性的关键字是（　　）。

A.primary key　　B.unique

C.default　　D.not null

7.使用insert into命令时，数据列表用（　　）关键字引领。

A.select　　B.vaules

C.value　　D.where

8.设置性别(sex)默认值为“女”的正确语句是（　　）。

A.Sex char(2) default "女"　　B.Sex = "女"

C.Sex char 2 default "女"　　D.Sex default "女"

9.给销售表(sale)中销售数量(snum)列插入值32的正确语句是（　　）。

A.insert into sale(snum) values("32");

B.replay snum with 32

C.set snum=32;

D.insert into sale(snum) values(32)

10.下列关于insert into命令的使用，错误的说法是（　　）。

A.可以不指定字段名插入一条完整的记录

B.当指定字段名时，要求数据顺序、数量都要与字段名一一对应

C.命令格式为insert into（字段名列表） values（数据列表）

D.insert into 语句可以插入一条完整记录，也可以插入记录的部分值

三、判断题

1.创建数据表就是根据物理数据模式确定数据表的字段信息。（　　）

2.同一时刻一个数据表只能隶属于一个数据库。（　　）

3.同一个数据库中不能有相同名称的数据表。（　　）

4.在MySQL中，查看数据表记录的命令可以用browse。（　　）

5.定义为primary key约束的字段值不能重复。（　　）

6.定义好表结构之后，才能给数据表插入记录。（　　）

7.MySQL的数据表名可以用任何字符，但是长度不能超过255。（　　）

8.在给数据表插入数据时，字段名与数据值可随意匹配。（　　）

9.若字段被指定为primary key，则该字段值不允许有任何空值。（　　）

10.在MySQL中，当命令写成多行时，要用分号续行。（　　）

四、阅读命令写出含义

阅读下面的命令语句及系统回显，在右边写出其含义。

（1）创建数据表

```
mysql> create table merchinfo
-> (
-> mid char(5) primary key not null,          #________________
-> mname varchar(50) not null,                #________________
-> mprice dec(7,2) not null,                  #________________
-> mnum int not null                          #________________
-> );
```

（2）插入数据记录

```
mysql> insert into merchinfo                  #________________
    -> (mid,mname,mnum,mprice)                #________________
    -> values ('yl001','百事可乐',100,2.3);    #________________
   Query OK, 1 row affected (0.14 sec)        #________________
```

NO.4

[任务四]

维护数据表

一、填空题

1.数据表的维护主要是____________和____________的维护。

2.修改表结构可用alter table的________________子句、______________子句和________________子句。

3.alter table 的________子句可实现添加字段功能。

4.alter table 的________子句可实现删除字段功能。

5.给user表的uid字段上添加主键约束的命令是______________。

6.删除 provider表主键的命令是____________________。

7.将user表名修改为user_bak的命令是________________。

8.删除 user表的命令是__________________table user。

9.修改表记录的命令是________________________。

10.直接删除原表数据，并重新创建一个表结构的命令是__________________。

二、选择题

1.下列各项中，不属于维护数据表结构的操作是（　　）。

A.修改字段名称　　B.插入记录

C.删除字段　　D.更改表的引擎

2.下列各项中，不属于维护数据记录的操作是（　　）。

A.按条件修改记录值　　B.删除不需要的数据记录

C.插入新的记录　　D.添加字段主键约束

3.在alter的子句中，不能修改数据表已有字段的子句是（　　）。

A.add　　B.change

C.alter　　D.modify

4.在alter的子句中，能修改数据表名称的子句是（　　）。

A.modify　　B.change

C.rename　　D.drop

5.删除provider表的电话号码pphone默认值的正确命令是（　　）。

A.alter table provider change column pphone drop default

B.alter table provider alter column pphone drop default;

C.alter table provider alter column pphone add default;

D.update table provider alter column pphone drop default

6.将user中用户编号(uid)为cg001的用户密码（upwd）改为888888的语句是（　　）。

A.update user set upwd="888888" where uid='cg001'

B.update user set upwd="888888" where uid='cg001';

C.update user upwd="888888" where uid='cg001'

D.update user upwd="888888", uid='cg001';

7.删除库存表（stock）中入库数量（smnum）小于10的数据，正确的语句是（　　）。

A.delete from stock where smnum<10

B.drop from stock where smnum<10

C.alter stock drop for smnum<10;

D.delete from stock where smnum<10;

8.下列各项中，能删除库存表（stock）所有记录的语句是（　　）。

A.delete from stock all;　　　　B.delete from stock;

C.delete * from stock　　　　D.delete from stock where=all

9.关于update命令，下列说法正确的是（　　）。

A.只能修改指定条件的记录值

B.不能修改指定字段的默认值

C.缺少where条件时修改所有记录值

D.修改多个字段值时，每个字段之间用逗号分开

10.下列关于delete语句的描述，说法错误的是（　　）。

A.delete 语句删除的记录可以恢复

B.delete不仅会删除所有记录，还可删除表结构

C.当表记录数量相同时，delete比truncate 删除表的速度更快

D.delete可以删除部分记录

三、判断题

1.只要有权限，则可随意删除数据记录。（　　）

2.数据维护只包括表结构和表记录的维护两项工作。（　　）

3.数据表要定期查看和维护，才能保证数据表与实际需求一致。（　　）

4.修改数据表的字段名不会影响数据记录内容。（　　）

5.删除数据表的某个字段时，数据表相对应列的记录不受影响。（　　）

6.修改表记录不影响数据表结构，同样，修改表结构也不影响表记录。（　　）

7.使用alter table的add primary key子句能给字段添加主键约束。（　　）

8.alter table的modify子句能修改数据记录。（　　）

9.alter table的drop primary key子句能删除数据表的主键约束。（　　）

10.删除数据表所有记录的步骤是delete all...zap。　　　　　　　　　　　　　　　　　　（　　）

四、程序填空

1.将merchinfo表中土鸡蛋的mprice值修改为18.6。

mysql> ________merchinfo __________mprice=18.6　　where　　mname='土鸡蛋';

2.将merchinfo表中mprice所有记录的值增加10%。

mysql> update merchinfo set ____________________;

3.删除表merchinfo中商品名称为“花生油”的记录信息。

mysql> ______________________from merchinfo

-> where ________________________;

[任务五]

NO.5

创建索引

一、填空题

1.________是DBMS查询优化的主要方式，是提高数据库________速度的有效手段。

2.按用途可将MySQL中的索引分为________、________和________。

3.在MySQL中，唯一索引标识符是________。

4.在MySQL中，在已有表上创建索引可使用________命令。

5.在MySQL中，给merchinfo表的mnum创建降序索引（索引标识符为sl）的命令是________________。

6.在MySQL中，使用alter table语句的________能给数据表已有列添加索引。

7.查看merchinfo表上所有索引信息的命令是________。

8.删除 provider表上主索引使用的命令是________。

9.删除 provider表中索引标识名为xmjx的命令是________。

10.在不同值较少的字段上创建索引，会降低数据________速度。

二、选择题

1.建立数据表索引，主要目的是（　　）。

A.提高数据更新速度　　B.提高数据安全性

C.提高查询速度　　D.节省存储空间

2.alter table 的子句中，能实现创建索引功能的是（　　）。

A.modify　　B.change

C.alter　　D.add

3.在已有表上创建索引的命令是（　　）。

A.create table　　B.create index

C.insert table　　D.update table

4.在MySQL中，能表示主键索引的关键词是（　　）。

A.primary key　　B.index

C.unique　　D.desc

5.删除数据表主索引可使用（　　）语句来完成。

A.alter table　　B.drop index

C.delete　　D.update table

6.下列各项中，不能完成创建数据表索引的是（ ）。

A.create table B.create index

C.alter table D.update table

某数据表索引如下，请根据此索引完成第7—10题。

```
*************************** 1. row ***************************
  table: merchinfo
  non_unique: 0
  key_name: primary
  seq_in_index: 1
  column_name: mid
  collation: a
  cardinality: 6
  sub_part: null
  packed: null
  index_type: btree
  comment:
  index_comment:
  visible: yes
  expression: null
```

7.该表创建的索引是（ ）。

A.普通索引 B.多列索引 C.主键索引 D.非空索引

8.该表的索引标识符是（ ）。

A.mid B.btree C.null D.primary

9.该表是在（ ）列上创建的索引。

A.mid B.name C.mnum D.price

10.该表是按索引列值的（ ）顺序创建的索引。

A.升序 B.降序 C.先降后升 D.先升后降

三、判断题

1.逐条扫描查询数据速度快、准确度高，是常用的查询方法。（ ）

2.索引就是一个简单的数据表。（ ）

3.普通索引允许索引字段值重复。（ ）

4.在MySQL中，唯一索引的索引字段值只能有一个空值。（ ）

5.主键索引字段值不能取空值，也不能有重复值。（ ）

6.在MySQL中，只能创建单列索引，且一个表只能有一个索引。（ ）

7.当表的索引被删除后，表的索引字段值也将被删除。 ( )

8.从理论上讲，数据表的所有列都可以创建索引。 ( )

9.数据表的索引越多，查询速度越快。 ( )

10.删除数据表中有索引的列时，不影响在此列上创建的索引。 ( )

四、综合题

根据索引的用途、分类及特点，填写下表。

类型	命令关键字	是否允许重复	是否允许空值
普通索引	index	允许重复	
唯一索引			
主键索引			不允许有空值

项目检测

目标测试题一

一、填空题（每空2分，共30分）

1.数据库设计一般包括对数据的逻辑模式设计和________________设计。

2.为MySQL服务器的运行提供底层监控功能的系统数据库是__________。

3.在MySQL中，选择student作为当前数据库的命令是_______。

4.查看当前数据库supermark所有数据表的命令是__________。

5.向数据表插入数据的语句格式为：__________<表名>[(<字段名列表>)] __________（<数据值列表>）。

6.给数据表添加字段可使用alter table 语句的__________子句完成。

7.将sale表中字段名snum更改为xs_num的命令是：alter table______snum________。

8.一次性删除数据表的所有记录可使用_______________和________________命令。

9.根据索引产生的列数又可将索引分为______________索引和______________索引。

10.唯一索引列的值必须_____________，允许索引列值有空值，但只能有_________个空值。

二、选择题（每题2分，共20分）

1.下列各项中，合法的数据表名是（　　）。

A.use　　B.5super　　C.sur*chinfo　　D.supermark

2.在sale表的sid字段上创建主键，类型为varchar，最大长度为12的是（　　）。

A.sid char 12　　B.sid varchar 12 primary key

C.sid varchar(12) primary key　　D.sid char(12) primary key

3.设置性别(sex)的默认值为“男”，正确的语句是（　　）。

A.sex = "男"　　B.sex char(2) default "男"

C.sex char 2 default "男"　　D.sex default "男"

4.alter table语句的modify子句不能完成的功能是（　　）。

A.修改字段类型　　B.修改字段在表中的位置

C.修改字段名称　　D.修改字段的约束条件

5.alter命令用于修改数据表名称的子句是（　　）。

A.remove　　B.change　　C.rename　　D.modify

6.下列各项中，能删除student表的学号（xh）默认值的语句是（　　）。

A.alter table student change column xh drop default

B.alter table student alter column xh drop default;

C.alter table student alter column xh add default;

D.update table student alter column xh drop default

7.下列关于delete命令的叙述，正确的是（　　）。

A.用于删除关系表中指定的列

B.不带where子句时删除当前记录

C.不带where子句时删除所有记录

D.用于删除关系表中指定的记录

8.下列操作方法中，不能创建索引的是（　　）。

A.使用create index命令　　B.使用alter table .... add index命令

C.使用create table...index 命令　　D.使用index on 命令

9.下列操作方法中，能删除数据表主索引的是（　　）。

A.使用drop index语句删除

B.使用 alter table ... drop index 语句删除

C.使用alter table ... drop primary key语句删除

D.删除主索引列的所有记录值后，主索引自动消失

10.下列关于MySQL中索引的叙述，正确的是（　　）。

A.索引就是一个排序后的数据表

B.索引文件中存放的是排序后的记录数据

C.索引文件越多，查询越快

D.创建索引的目的是提高查询速度

三、判断题（每题2分，共20分）

1.在MySQL中，存储引擎决定数据库的逻辑结构。（　　）

2.创建索引能提高数据查询速度，但会降低数据更新速度。（　　）

3.在MySQL中，没有任何字段约束的表可以有完全相同的记录。（　　）

4.MySQL的数据表名不能用系统保留字，并且长度不能超过255。（　　）

5.在MySQL中，用browse查看和编辑数据表记录信息。（　　）

6.alter table 中的drop子句可删除任何已经存在的字段。（　　）

7.虽然alter 语句的子句很多，但没有删除记录的子句。（　　）

8.唯一索引要求字段值必须唯一，并且非空。（　　）

9.alter table 中的drop子句可以删除数据表上的索引。（　　）

10.在取值唯一的列上创建索引会降低数据表查询速度。 ( )

四、综合题（共30分）

已有学生数据库student和该数据库的学生信息表information。其中，information表结构见下表，按要求写出相关命令语句。

字段名	数据类型	主键	外键	非空	唯一	中文含义
s_no	char(6)	是	否	是	是	学号
s_name	varchar(12)	否	否	否	否	姓名
s_sex	char(2)	否	否	否	否	性别
s_birth	datetime	否	否	否	否	出生日期
s_score	dec(7,2)	否	否	否	否	成绩

1.在s_no字段上添加主键约束。（5分）

2.将班级s_class(类型为int(3))字段插入s_sex字段后。（5分）

3.给性别s_sex字段设置默认值为“女”。（4分）

4.删除s_birth字段。（4分）

5.插入数据（210101，安杰，570.5）到数据表中。（6分）

6.修改安杰的成绩为680.00。（6分）

目标测试题二

一、填空题（每空2分，共30分）

1.在MySQL数据库的所有对象中，只有____________才是存储数据的实际地方。

2.负责MySQL服务器性能调优和诊断的系统数据库文件名是______________。

3.当数据库不再使用时，可使用____________命令删除，以释放存储空间。

4.向数据表中插入记录的命令是_______________。

5.修改表结构时，可用alter table的_________________子句修改默认值，用alter table的______________子句修改字段数据类型、位置和约束条件。

6.删除sale 表中的销售名称sname字段的命令是alter table sale_____________________ sanme__________________。

7.一次性逐条删除数据表中所有记录的命令是____________。

8.使用较多的索引有_______________、____________和唯一索引。

9.在组合索引中，索引检索是按___________法则进行，即先按第___________列排序，当该列的值相同时再按第________列排序，以此类推。

10.如果在已有表上创建索引可使用_____________命令完成。

二、选择题（每题2分，共20分）

1.下列可用于分隔定义MySQL数据表结构不同字段的是（　　）。

A.空格　　B.顿号（、）　　C.逗号（，）　　D.分号（;）

2.约定sale的商品编号(mid）长度为5，类型为char，不允许空值的语句是（　　）。

A.mid char(5)　not null　　B.mid char 5

C.mid char(5)　　D.mid　char 5　not null

3.在MySQL的insrt into语句中，引领数据列表的是（　　）。

A.select　　B.vaules　　C.value　　D.where

4.下列各项中，能修改数据表名称的alter子句是（　　）。

A.modify　　B.change　　C.rename　　D.drop

5.能删除库存表(stock)中入库数量(smnum)小于5的数据的语句是（　　）。

A.delete from stock where smnum<5

B.drop from stock where smnum<5

C.alter stock drop for smnum<5;

D.delete from stock where smnum<5;

6.下列关于delete语句的功能，说法不正确的是（　　）。

A.delete 语句删除的记录可以恢复

B.delete不仅会删除所有记录，还可删除表结构

C.当表记录数量相同时，delete比truncate 删除表的速度更快

D.delete可以删除部分记录

7.下列各项中，能删除数据表索引的操作是（　　）。

A.将有索引的列删除，则索引自动删除

B.删除数据表所有记录，则索引删除

C.使用drop index语句删除

D.使用alter table ... drop index语句删除

8.在用户表(user) 的用户名(uid)列上创建升序索引(标识符yh)的语句是（　　）。

A.create index yh on user uid asc;

B.create index yh on user uid desc;

C.create index user on yh uid desc;

D.create user index on uid yh asc;

9.删除用户表(user) 的用户名(uid)列上的主索引（标识符yh）的语句是（　　）。

A.drop index yh on user

B.drop table user index yh ;

C.alter table user drop index yh;

D.alter table user drop primary key;

10.下列关于数据表的索引，叙述正确的是（　　）。

A.最好不要在数据量少的表中创建索引，没必要，还会增加存储空间

B.凡是数据表都应该创建索引

C.创建索引不仅能提高查询速度，还能提高更新速度

D.索引只能在已有表上创建

三、判断题（每题2分，共20分）

1.在MySQL中，一个关系数据模式对应一个数据表。（　　）

2.在MySQL的命令书写中，如果一行写不完时，可用分号（；）续行。（　　）

3.插入数据时可只写“数据列表”，不写“字段名列表”。（　　）

4.在MySQL中，用edit查看和编辑数据表记录信息。（　　）

5.在MySQL中，给数据表追加一条空白记录的命令是append blank。（　　）

6.在MySQL中，删除主键字段的命令是alter table....drop primary key。（　　）

7.alter table语句可修改表结构，也可修改表名，还可修改记录数据。（　　）

8.唯一索引只能在单列上创建。（　　）

9.索引按用途分为普通索引、唯一索引和单列索引。（　　）

10.删除索引的命令是delete index。（　　）

四、综合题（共30分）

已知网店数据库on_store下数据表sp的表结构和记录如下，根据要求写出相关命令。

sp表的结构信息：

字段名	数据类型	主键	外键	非空	唯一	中文含义
s_no	char(7)	是	否	是	是	订单号
s_id	char(6)	否	是	否	否	商品编号
s_buyers	varchar(12)	否	否	否	否	买家
s_costs	dec(8,2)	否	否	否	否	成本价
s_deal	dec(8,2)	否	否	否	否	成交价

sp表的记录信息：

s_no	s_id	s_buyers	s_costs	s_deal
1518108	Jh7844	曾华	1500	3500
1518105	Fg5245	小兔大人	500	600
4615607	Ky3785	王丽	4500	4200
5720015	Re3786	李军	3200	4000
1412090	Ps5678	芳芳姐	800	900
5635300	Wl4567	陆军	600	700

1.创建数据库on_store。（3分）

2.创建数据表sp，定义s_no、s_id、s_buyers的字段信息。（7分）

3.插入订单号（s_no）为5720015的数据信息。（5分）

4.用update语句将订单号（s_no）为1518105的商品编号（s_id）修改为wl7890。（5分）

5.删除成交价（s_deal）小于成本价（s_costs）的数据。（5分）

6.删除表sp的主键索引。（5分）

项目五　使用数据库

知识内容概述

本项目主要讲述了如何使用数据库，包括使用查询从数据表中抽取数据，使用存储过程和存储函数提高数据处理的效率，使用视图简化数据操作并提高数据安全性。

教学目标

知识要点	了解	理解	掌握	运用
简单查询数据记录				√
按条件查询数据记录				√
对查询数据进行排序				√
限制查询数据记录的数量				√
分组统计查询数据记录				√
使用内连接查询				√
使用外连接查询		√		
使用子查询			√	
创建视图				√
查看视图			√	
修改视图			√	
删除视图				√
使用视图操作基本表			√	
建立存储过程				√
执行存储过程				√
管理存储过程			√	
使用游标			√	

项目练习

[任务一]

NO.1

查询单一数据表中的数据

一、填空题

1.在select语句中，用________________排序结果集。

2.去掉查询结果重复行的关键字是________________。

3.group by子句的作用是________________。

4.________________子句的作用是设置筛选条件。

5.在select语句中，*表示________________。

6.可以使用关键字________________指定查询结果集中的记录数。

二、选择题

1.在MySQL中，要进行数据的检索、输出操作，通常使用的语句是（　　）。

A.select　　B.insert　　C.delete　　D.update

2.在MySQL中，select语句的完整语法较复杂，但至少包括（　　）。

A.仅select　　B.select和from

C.select和group　　D.select和into

3.在select语句中，要将结果集中的数据行根据选择列进行逻辑分组，以便实现对每个组的聚集计算，可以使用的子句是（　　）。

A.limit　　B.group by　　C.where　　D.order by

4.下列可以统计满足条件记录数的函数是（　　）。

A.sum( )　　B.count( )　　C.max( )　　D.avg( )

5.下列通配符中，代表一个任意字符的是（　　）。

A.?　　B.*　　C._　　D.%

6.对分组查询的结果进行过滤，应使用的关键字是（　　）。

A.where　　B.having　　C.distinct　　D.while

三、判断题

1.查询数据表记录时，应先打开包含该表的数据库。 (　　)

2.count(*)和count(字段名)的返回值没有区别。 (　　)

3.将select查询结果转换为列式显示方式应使用结束符/G。 (　　)

4.在查询中可以重命名列标题来提高查询结果的可读性。 (　　)

5.NULL表示空值，不是0，也不是空串。 (　　)

6.between…and只能用于表示两个数之间的条件。 (　　)

7.in表示样本条件，可用逻辑表达式改写。 (　　)

8.order by后的排序字段只能有一个。 (　　)

9.limit关键字若不指定初始值，默认为0，表示从第一条记录开始。 (　　)

10.当条件表达式使用like时，必须使用通配符。 (　　)

四、连线题

将select语句中的子句与其使用说明连线。

select	指定返回的记录数
from	指定排序字段及排序方式
where	指定组级过滤条件
group by	指定分组字段
having	指定行级过滤条件
order by	指定检索数据的表
limit	指定返回的列或表达式

五、按要求写命令

1.在member表中查询所有会员信息。

2.查询member表中的会员姓名、注册日期。

3.查询merchinfo表中的商品种数。

4.查询dealing表中有售的商品编号。

5.查询member表中所有会员的积分。（积分规则为消费金额每10元积1分）

6.查询dealing表中2020年10月17日销售的所有商品。

7.查询dealing表中价格3~10元的所有商品的商品编号。

8.查询stock 表中无进货计划的商品编号和计划进货。

9.查询merchinfo表中“土豆片”“薯条”“豆奶”的商品名称和价格，价格是进价的1.5倍。

10.查询member表中姓李的会员姓名及联系电话。

NO.2 [任务二]

从多表数据表中检索数据

一、填空题

1.多表查询是指数据源涉及______________的查询。

2.表示空值的关键字是______________。

3.交叉连接又称______________。

4.自然连接与等值连接同属于______________。

5.多表查询可以通过连接、联合查询或______________查询的方式实现。

6.在like <匹配串>中，代表任意字符串的通配符是______________。

7.在查询中为表指定别名的格式是______________。

8.多表查询的连接条件可以使用______________或where来指定。

二、选择题

1.在MySQL中，建立查询的命令是（　　）。

A.delete　　B.insert　　C.select　　D.update

2.连接类型不包括（　　）。

A.交叉连接　　B.左外连接　　C.内连接　　D.中间连接

3.若R表和S表分别有3条和5条记录，全连接后的结果记录数是（　　）。

A.15　　B.5　　C.8　　D.3

4.数据表的关系操作不包括（　　）。

A.分组　　B.选择　　C.投影　　D.连接

5.在SQL语言中，子查询是（　　）。

A.选取多表中字段子集的查询语句

B.嵌入到另一个查询语句之中的查询语句

C.选取单表中字段子句集的查询语句

D.返回单表中数据子集的查询语句

6.在select语句中，对查询结果进行排序应使用的关键字是（　　）。

A.limit　　B.where　　C.group by　　D.order by

三、判断题

1.查询的数据源可以有多个表。（　　）

2.内连接形成的记录数一定不大于全连接形成的记录数。（　　）

3.左连接形成的记录数由关联左边的记录数决定。（　　）

4.聚合函数avg()的参数类型可以是char。 (　　)

5.全连接是没有连接条件表关系返回的结果。 (　　)

6.当子查询的返回结果为多行多列数据记录，该子查询语句一般在主查询语句的from子句里。 (　　)

7.聚合函数count()的参数类型只能是int。 (　　)

8.select语句中既有order by子句，又有limit子句，则limit子句必须位于order by子句之后。 (　　)

四、按要求写命令

1.查询每一条销售记录的商品名称、数量及金额。

2.查询会员赵世良购买的商品明细，包括会员姓名、商品编号及交易日期。

3.查询销售额最低的商品信息。

4.使用左连接查询所有商品的销售明细，包括商品名称、库存量、进价、会员编号。

5.在markdb数据库中，查询会员表member中累积销售金额比汪华还高的全部会员信息。

NO.3

［任务三］

使用存储过程和存储函数

一、填空题

1.MySQL中，定义变量通过关键字________________实现。

2.函数体是指存储函数的________________部分。

3.将MySQL的命令结束符修改为“$$”的命令是________________。

4.在存储函数中可以使用________________给变量赋值。

5.用________________命令调用存储函数。

6.创建存储过程的命令是________________。

7.声明局部变量时，若不给定默认值，其值为________________。

8.存储函数可以有多个参数，参数间的分隔符是________________。

二、选择题

1.在MySQL中，下列不宜定义为语句结束符的是（　　）。

A.\ B.$ C.$$ D.#

2.下列可以执行存储过程的命令是（　　）。

A.do B.select C.call D.create

3.下列不是存储过程的参数类型的是（　　）。

A.in B.input C.out D.inout

4.删除过程和函数的命令是（　　）。

A.alter B.delete C.del D.drop

5.在MySQL中，退出系统的命令是（　　）。

A.quit B.exit C.let D.close

6.可以用（　　）来声明游标。

A.set cursor B.create cursor

C.declare cursor D.alter cursor

7.关闭游标的命令是（　　）。

A.use B.set C.quit D.close

8.下列不是循环控制语句的是（　　）。

A.if B.loop C.while D.repeat

三、判断题

1.MySQL语句的结束标志可以修改。 (　　)

2.存储过程可以没有参数，但后面的括号不能省略。 (　　)

3.可以用begin...end来标志存储过程MySQL语句的开始和结束。 (　　)

4.调用非当前数据库中的过程需要在过程名前加数据库名。 (　　)

5.在存储过程中不可以声明局部变量。 (　　)

6.存储过程的参数名称不能等于字段名，否则可能引发不可预知的结果。 (　　)

7.存储函数不能与存储过程同名。 (　　)

8.不可以将查询结果赋值给变量。 (　　)

四、编写程序

1.编写函数：在member表中，查询指定会员卡号会员的联系电话和累积消费金额。

2.编写过程：在orderlist表中，按指定日期查询订单明细。

3.编写过程：在dealing表中，统计单笔交易金额在100元以上的交易单数量。

4.编写过程：求n的阶乘。

NO.4

[任务四] 使用视图

一、填空题

1.视图是一个________，是从数据库中一个或多个表中导出来的表，其内容由查询定义。

2.视图是存储在数据库中的__________的MySQL语句。

3.MySQL中使用__________语句创建视图。

4.数据库中只存放了视图的__________，而并没有存放视图中的数据。

5.在MySQL中可以使用____________语句修改视图的定义。

二、选择题

1.视图是一个虚表，视图的构造基于（　　）。

A.基本表　　B.视图

C.基本表或视图　　D.数据字典

2.在视图上不能进行的操作有（　　）。

A.视图　　B.在视图上定义新的查询

C.更新视图　　D.在视图上定义新的表

3.在MySQL语言中，删除一个视图的命令是（　　）。

A.remvoe　　B.clear

C.delete　　D.drop

4.不可对视图进行的操作有（　　）。

A.select　　B.insert

C.delete　　D.create index

5.创建视图不需要定义的选项是（　　）。

A.数据来源数据库　　B.数据来源数据表

C.数据来源的列的个数　　D.数据来源的视图

6.视图是一种常用的数据对象，可以对数据进行（　　）。

A.查询　　B.插入

C.修改　　D.以上都是

7.从数据的安全性考虑，每位教师只能存取任课班级的成绩，为此数据库管理员应创建（　　）。

A.临时表　　B.索引　　C.视图　　D.表

三、判断题

1.视图是由基本表产生的虚表。 (　　)

2.一旦表中的数据发生改变，显示在视图中的数据也会发生改变。

3.视图能提高查询的效率，并节省查询时间。 (　　)

4.因为通过视图可以插入、修改或删除数据，所以视图也是--个实际的表。 (　　)

5.视图是从基表中导出的逻辑表，它不像基表一样物理地存储在数据库中。视图没有自己独立的数据实体。 (　　)

6.视图是数据库的一种安全性手段，目的是限制普通用户能够查询的范围，通常情况下普通用户无法修改视图结构。 (　　)

7.视图的建立和删除不影响基本表。 (　　)

8.使用视图不可以操作基本表数据。 (　　)

四、综合题

1.简述使用视图的优势。

2.从商品信息表merchinfo和emerchinfo创建视图v_mechinfo，视图中包含商品名（mname）和库存数量（mnum）。

项目检测

目标检测题一

一、填空题（每题3分，共30分）

1.在select语句中，可用____________表示所有字段。

2.在select查询语句中，limit关键字不指定初始值，表示从查询结果的____________条记录开始。

3.在select语句中，group by子句的作用是_______________。

4.在select语句中，去除查询结果中的重复记录，其关键字是_______________。

5.若A表和B表分别有i条和j条记录，左连接后的结果有_______________条记录。

6.多表查询可以通过____________查询、联合查询或子查询的方式实现。

7.在MySQL中，drop view命令的作用是________________。

8.在MySQL中，将语句结束符修改为#的命令是____________________。

9.调用存储过程p1的命令是____________________。

10.存储函数的主体用__________________标识。

二、选择题（每题3分，共30分）

1.在MySQL中，如要进行数据的检索、输出操作，通常使用的语句是（　　）。

A.select　　B.insert　　C.delete　　D.update

2.下列可以统计满足条件的记录数的函数是（　　）。

A.sum( )　　B.count( )　　C.max( )　　D.avg( )

3.用来限制数据记录查询数量的关键字是（　　）。

A.where　　B.while　　C.limit　　D.else

4.在MySQL语言中，子查询是（　　）。

A.选取单表中字段子集的查询语句

B.选取多表中字段子集的查询语句

C.返回单表中数据子集的查询语言

D.嵌入到另一个查询语句之中的查询语句

5.在视图上不能进行的操作是（　　）。

A.插入数据　　B.查询数据

C.定义新的表　　D.更新数据

6.在MySQL语言中，创建视图的命令关键字是（　　）。

A.remvoe　　B.clear　　C.delete　　D.create

7.对视图的操作，下列选项中错误的是（　　）。

A.增加　　B.查询　　C.修改　　D.删除

8.下列关于表和视图的叙述，不正确的是（　　）。

A.视图是一个虚表，不实际存储数据

B.视图在概念上与基本表等同，用户可以如使用基本表那样使用视图

C.可以在视图上再定义视图

D.视图数据的构成与表数据无关

9.调用存储函数的命令是（　　）。

A.call　　B.select　　C.create　　D.do

10.删除过程和函数的命令是（　　）。

A.alter　　B.delete　　C.del　　D.drop

三、判断题（每题2分，共20分）

1.查询数据表记录时，应先打开包含该表的数据库。（　　）

2.在select查询语句，重命名列表题可以不使用as关键字。（　　）

3.in表示样本条件，可用逻辑表达式改写。（　　）

4.limit关键字后若只有一个数，表示指定的记录数，而非初始值。（　　）

5.将select查询结果转换为列式显示方式使用结束符/G。（　　）

6.between...and不可以表示两个日期之间的条件。（　　）

7.order by后的排序字段只能有一个。（　　）

8.查询的数据源可以有多个表。（　　）

9.存储过程和存储函数都有参数。（　　）

10.调用当前数据库中的过程不需要在过程名前加数据库名。（　　）

四、综合题（每题4分，共20分）

在学生管理数据库xsgl中，数据表的结构和记录如下：

Student(学生表)

Student(SId char(5),Sname char(10),Sage date,Ssex char(2))

--SId 学生编号,Sname 学生姓名,Sage 出生年月,Ssex 学生性别

SId	Sname	Sage	Ssex
01	赵川	2005-01-01	男
02	钱英	2005-12-21	女
03	孙明	2004-12-20	男
04	李小芳	2003-09-03	男
05	周晓梅	2003-12-01	女
06	吴楠	2005-01-01	女
07	郑舒磊	2004-01-01	男
09	张春梅	2003-07-08	女
10	李娟	2003-08-11	女
11	李娟	2004-06-06	女
12	赵彬	2005-02-13	男
13	孙传英	2004-06-01	女

Course(课程表)

Course(CId char(5),Cname char(10),TId char(5))

--CId 课程编号,Cname 课程名称,TId 教师编号

CId	Cname	TId
01	语文	02
02	数学	01
03	英语	03

Teacher(教师表)

Teacher(TId char(5),Tname char(10))

--TId 教师编号,Tname 教师姓名

TId	Tname
01	李小红
02	周芹
03	马春燕

SC(成绩表)

SC(SId char(5),CId char(10),score dec(5,1))

--SId 学生编号,CId 课程编号,score 分数

SId	CId	score
01	01	80.5
01	02	90.0
01	03	99.0
02	01	70.0
02	02	60.5
02	03	80.0
03	01	80.0
03	02	80.5
03	03	80.0
04	01	50.0
04	02	40.0
04	03	30.0
05	01	76.5
05	02	87.0
06	01	41.0
06	03	54.0
07	02	89.0
07	03	98.0

按以下要求编写程序：

1.查询Student表中的学生人数。

2.查询SC表中，有语文成绩的学生的编号和成绩，并按成绩降序显示。

3.查询每一名学生的姓名、课程和成绩。

4.查询李小红老师所教学科，含教师姓名、课程名。

5.编写过程：查询指定教师的任课情况。

目标检测题二

一、填空题（每题3分，共30分）

1.多表查询的连接可以使用join on或____________________来指定连接条件。

2.在select语句中，用于排序的关键字是____________________。

3.自然连接与等值连接同属于____________________。

4.当存储过程有多个参数时，参数间用____________________分隔。

5.在like <匹配串>中，代表单个字符的通配符是____________________。

6.对查询结果分组，需要使用的子句是____________________。

7.在声明局部变量时，若不给定默认值，其值为____________________。

8.____________________命令可以将MySQL语句的结束标志修改为其他符号。

9.____________________是没有连接条件表关系返回的结果。

10.在存储过程中使用____________________声明变量。

二、单选题（每题3分，共30分）

1.在select语句中，要对查询结果排序，可以使用的子句是（　　）。

A.limit　　B.group by

C.where　　D.order by

2.在select命令中，代表所有字段的符号是（　　）。

A.?　　B.*　　C. _　　D.%

3.下列不属于数据表的关系操作的是（　　）。

A.选择　　B.投影　　C.连接　　D.筛选

4.下列不属于内部连接的是（　　）。

A.右连接　　B.自然连接

C.等值连接　　D.不等连接

5.在视图上可以进行的操作是（　　）。

A.更新视图数据　　B.查询

C.定义新的视图　　D.以上都可以

6.对视图进行操作时，以下命令中不能使用的是（　　）。

A.delete　　B.insert

C.select　　D.drop

7.在创建视图时不需要定义（　　）。

A.数据来源的视图　　B.数据来源的数据库

C.数据来源的字段数　　D.数据来源的表

8.下列不是存储过程的参数类型的是（　　）。

A.in　　B.out　　C.inout　　D.input

9.MySQL中，声明游标使用的命令是（　　）。

A.alter cursor　　B.create cursor

C.declare cursor　　D.set cursor

10.在select语句中，测试列值是否为空值的运算符是（　　）。

A.exists　　B.not　　C.not in　　D.is null

三、判断题（每题2分，共20分）

1.在MySQL中，select查询结果有行和列两种显示方式。（　　）

2.NULL表示空值，表示不确定的值。（　　）

3.between… and不能用于表示两个日期之间的条件。（　　）

4.order by后的排序字段可以有多个。（　　）

5.select语句的limit关键字中，必须指定初始值，否则无法执行。（　　）

6.当条件表达式使用like时，可以不使用通配符。（　　）

7.在MySQL中，不能使用命令open打开数据库。（　　）

8.在select查询语句中，可以对查询结果的列标题重新命名。（　　）

9.在存储过程中不可以定义变量。（　　）

10.当子查询的返回结果为单行单列数据记录，该子查询语句一般在主查询语句的where子句里。（　　）

四、综合题（每题4分，共20分）

在学生管理数据库xsgl中，数据表的结构和记录如下。

Student(学生表)

Student(SId char(5),Sname char(10),Sage date,Ssex char(2))

--SId 学生编号,Sname 学生姓名,Sage 出生年月,Ssex 学生性别

SId	Sname	Sage	Ssex
01	赵川	2005-01-01	男
02	钱英	2005-12-21	女
03	孙明	2004-12-20	男
04	李小芳	2003-09-03	男
05	周晓梅	2003-12-01	女
06	吴楠	2005-01-01	女
07	郑舒磊	2004-01-01	男
09	张春梅	2003-07-08	女
10	李娟	2003-08-11	女
11	李娟	2004-06-06	女
12	赵彬	2005-02-13	男
13	孙传英	2004-06-01	女

Course(课程表)

Course(CId char(5),Cname char(10),TId char(5))

--CId 课程编号,Cname 课程名称,TId 教师编号

CId	Cname	TId
01	语文	02
02	数学	01
03	英语	03

Teacher(教师表)

Teacher(TId char(5),Tname char(10))

--TId 教师编号,Tname 教师姓名

TId	Tname
01	李小红
02	周芹
03	马春燕

SC(成绩表)

SC(SId char(5),CId char(10),score dec(5,1))

--SId 学生编号,CId 课程编号,score 分数

SId	CId	score
01	01	80.5
01	02	90.0
01	03	99.0
02	01	70.0
02	02	60.5
02	03	80.0
03	01	80.0
03	02	80.5
03	03	80.0
04	01	50.0
04	02	40.0
04	03	30.0
05	01	76.5
05	02	87.0
06	01	41.0
06	03	54.0
07	02	89.0
07	03	98.0

按以下要求编写程序：

1.查询SC表中成绩为60~80的所有学生编号、课程编号及成绩。

2.查询Student表中姓张的学生姓名及出生日期。

3.查询SC表中每门课程的平均成绩。

4.查询平均成绩最高的课程的编号及成绩。

5.编写过程：查询指定学科的成绩。

项目六　保障数据库安全

知识内容概述

本项目主要讲述了MySQL数据库管理系统通过内建了用户授权访问机制、事务支持、日志记录、数据库备份等功能来保障数据库安全。

教学目标

知识要点	了解	理解	掌握	运用
触发器的概念和作用		√		
创建触发器				√
使用触发器				√
管理触发器（查看、修改与删除）				√
事务的概念和作用		√		
认识事务ACID			√	
使用事务来保证数据的一致性		√		
使用锁来控制表的访问				√
认识MySQL的权限系统（授权表的结构、内容及用户权限，权限控制过程）	√			
创建用户并授权及授权原则			√	
撤销用户与授权				√
备份/恢复数据表				√
从数据库导出数据			√	
把数据导入数据库			√	
认识MySQL日志及作用		√		
启用和配置二进制日志			√	
使用二进制日志恢复数据库				√
管理二进制日志		√		

项目练习

[任务一]

NO.1

使用触发器

一、填空题

1.MySQL的触发器和________一样，都是嵌入MySQL 中的一段程序，是MySQL中管理数据的有力工具。

2.________是MySQL提供给程序员和数据分析员来保证数据完整性的一种方法。

3.MySQL的触发器只支持________，不支持语句级触发。

4.触发器是预先定义好的事件（如________、delete、________等操作）发生时，才会被MySQL自动调用。

5.使用________语句创建触发器。

6.如果希望验证新数据是否满足条件，则使用________选项。

7.________触发事件，用于指定表中删除某一行数据时激活触发器。

8.触发器激活条件由________和事件共同决定。

9.同一时间事件只允许定义________个触发器。

10.在MySQL中，所有触发器的信息都存在information_schema数据库的________表中。

二、选择题

1.触发器不响应下列（　　）事件。

A.select　　B.insert　　C.delete　　D.update

2.下列关于触发器的作用和使用，说法正确的是（　　）。

A.触发器常用于实现自定义约束

B.触发器可以像存储过程一样，使用call语句按名称调用

C.可以指定某个时刻触发器被触发，如每天的0时0分0秒被触发

D.在其上定义了触发器的表，必须先删除触发器才能删除表

3.使用（　　）命令可以把语句结束符改成别的符号。

A.alter　　B.##　　C.delimiter　　D.$$

4.下列事件中，能同时使用old和new关键字的是（　　）。

A.select　　B.insert　　C.delete　　D.update

5.一个数据表上最多可以创建（　　）触发器。

A.1个　　B.2个　　C.3个　　D.6个

6.触发器主体如果要执行多个语句，可使用复合语句结构（　　）。

A.{…}　　B.begin…end

C.if…begin　　D.go…end

7.执行show triggers的作用是（　　）。

A.创建触发器　　B.查看触发器

C.修改触发器　　D.删除触发器

8.使用（　　）语句删除触发器。

A.create trigger　　B.drop trigger

C.show triggers　　D.delete trigger

9.创建触发器在商品信息表中添加一条关于商品的记录时，商品的总数就必须同时改变，触发时间应该选择（　　）。

A.before　　B.middle　　C.after　　D.不指定

10.使用文本编辑器完成触发器代码的修改，然后使用（　　）命令导入。

A.alter　　B.update　　C.import　　D.source

三、判断题

1.触发器和存储过程都是通过事件触发而被执行的。（　　）

2.创建触发器时指定的数据表可以是临时表或视图。（　　）

3.MySQL的触发器只支持行级触发，不支持语句级触发。（　　）

4.MySQL不允许同名的触发器，也不允许同时间、同事件的触发器。（　　）

5.所有触发器中都有old 和 new关键字。（　　）

6.只能使用show triggers命令查看触发器。（　　）

7.使用show triggers命令无法查询指定的触发器。（　　）

8.执行alter triggers 语句可以修改触发器。（　　）

9.执行drop trigger语句需要super权限。（　　）

10.触发器发生错误时，前面用户已经执行成功的操作会被撤销。（　　）

四、综合题

1.数据库中有商品信息表merchinfo和订单表orderlist。现在对订单表创建触发器，如果订单表发生数据插入，对应的商品库存应该减少。代码如下所示，请补充画横线处的代码。

```
__________ ##
-- 创建触发器
create __________  insert_ orderlist
__________ insert
on __________
for each row
begin
    -- 更新商品信息表的库存，这里只指定了更新第一件商品的库存
    update __________  set onum = onum - 1 where id = 1;
end;
##
delimiter ;
```

2.写下查看题1中创建的触发器的语句。

NO.2

[任务二]

使用事务

一、填空题

1.________是可以提交或回滚的原子工作单元。

2.事务的本身就是以________来定义的。

3.事务的________是指事务一旦提交，对数据库的改变是永久的。

4.________是实现原子性的关键，当事务回滚时能够撤销所有已经成功执行的SQL语句。

5.用于将事务处理写到数据库的命令是________。

6.使用________语句使事务回滚到起点或指定的保持点处。

7.事务的隔离性是通过________来实现。

8.锁类型分为读锁和________。

9.________是指两个或者多个事务在同一资源上相互作用，并请求锁定对方占用的资源，从而导致恶性循环的现象。

10.________释放被当前线程持有的任何锁。

二、选择题

1.事务的原子性是指（　　）。

A.事务中包括的所有操作要么都做，要么都不做

B.事务一旦提交，对数据库的改变是永久的

C.一个事物内部的操作及使用的数据对并发的其他事物是隔离的

D.事物必须是使数据库从一个一致性状态改变到另一个一致性状态

2.下列不是事务特性的是（　　）。

A.独立性　　B.持久性　　C.原子性　　D.一致性

3.表示一个新的事务处理块的开始是（　　）。

A.start transaction　　B.begin transaction

C.begin commit　　D.start commit

4.事务处理不能回滚的语句是（　　）。

A.select　　B.insert　　C.delete　　D.update

5.MySQL默认的隔离级别是（　　）。

A.serializable　　B.repeatable read

C.read committed　　D.read uncommitted

6.如果要回滚一个事务，则要使用语句（　　）。

A.commit transaction　　B.revoke

C.begin transaction　　D.rollback transaction

7.下列事务隔离级别有脏读、不可重复读、幻读等现象的是（　　）。

A.serializable　　B.repeatable read

C.read committed　　D.read uncommitted

8.锁定用户的其他操作方式，如删除、插入、更新都不被允许的锁是（　　）。

A.共享锁　　B.排它锁

C.更新锁　　D.意向锁

9.在事务中执行（　　）命令，不会强制执行commit提交的事务。

A.create table　　B.show tables

C.alter table　　D.lock tables

10.为当前线程锁定表的命令是（　　）。

A.commit　　B.flush tables

C.lock tables　　D.lock tables

三、判断题

1.MyISAM和InnoDB两种数据库引擎都支持事务。（　　）

2.事务最核心的特性是一致性。（　　）

3.在事务处理过程中尽量不要出现等待用户输入的操作。（　　）

4.事务隔离的最高级别是rerpeatable read。（　　）

5.start transaction;会马上执行并把结果写到表中。（　　）

6.一旦执行了commit命令，将不能回滚事务。（　　）

7.当 commit 或 rollback 语句执行后，事务会自动关闭。（　　）

8.默认设置每条SQL语句就是一个事务，即执行语句后自动提交。（　　）

9.MySQL服务器连接被关闭时，当前线程锁定的表自动被解锁。（　　）

10.锁是任何存储引擎都支持的并发访问控制机制。（　　）

四、综合题

1.事务是一个完整的操作，如san要给bil转账500块钱。

step1.检查san的账户余额是否大于500块；

step2.san的账户减少500块；

step3.bil的账户增加100块；

这3个操作就是一个事务，要么全部执行，要么全部不执行。其中任何一个操作的失败都会导致所有3个操作“不执行”——回滚。代码如下所示，请补充画横线处的代码。

create table account (

```
    id bigint (11) not null auto_increment,
    p_name varchar (4),
    p_money decimal (10, 2) not null default 0,
    primary key (id)
);
insert into account values ('1', 'san', '1000'),('2', 'bil', '1000');
________________; --开启一个事务
select p_money from account where p_name="______________";-- step1
update account set p_money=______________where p_name="san";-- step2
update account set p_money=______________where p_name="bil";-- step3
_____________; --提交事务
```

2.写出将事务的隔离级别设置为串行化(serializable)的代码。

[任务三]

NO.3

管理用户与权限

一、填空题

1.MySQL是一个________________数据库，可以为不同用户指定不同权限。

2.____________表里启用的所有权限都是全局级的，适用于所有数据库。

3.user表的authentication_string字段代表的是用户______________。

4.____________表用来对单个表进行权限设置，__________________表用来对单个数据列进行权限设置。

5.MySQL提供了______________语句来为用户设置权限。

6.____________参数用来为用户设置密码。

7.使用______________语句查询用户的权限。

8.使用______________语句可以让MySQL刷新系统权限相关表。

9.在MySQL数据库中，可以直接在__________________________表中删除用户以及相关权限。

10.使用revoke语句，必须拥有MySQL数据库的全局______________________权限或update权限。

二、选择题

1.user表的用户列不包含的字段是（　　）。

A.user　　B.host

C.password　　D.authentication_string

2.MySQL中预设的拥有最高权限的超级用户的用户名为（　　）。

A.user　　B.administrator

C.db　　D.root

3.下列（　　）表中存储了用户对某个数据库的操作权限。

A.db　　B.tables_priv

C.columns_priv　　D.procs_priv

4.下列（　　）语句实现创建一个用户，用户名是test，密码是123，主机名是localhost。

A.create user 'test1'@'localhost' identified by 'test1';

B.create user 'test1'@'localhost' identified by '123';

C.create user ' localhost '@' test1' identified by '123';

D.create user '123'@'localhost' identified by 'test1';

5.MySQL提供了（　　）种方法创建用户。

A.1　　B.2　　C.3　　D.4

6.授予列权限时，<权限类型>的值不能指定为（　　）。

A.select　　B.insert

C.delete　　D.update

7.下列权限类型不表示所有权限的是（　　）。

A.all　　B.all privileges

C.super　　D.references

8.删除用户账号的命令是（　　）。

A.drop user　　B.drop table user

C.delete user　　D.delete from user

9.下列参数表示被授权的用户可以将这些权限赋予给别的用户的是（　　）。

A.max_queries_per_hour count

B.grant option

C.max_updates_per_hour count

D.max_user_connections count

10.删除用户权限的语法是（　　）。

A.grant　　B.drop

C.revoke　　D.delete

三、判断题

1.MySQL在安装时，会默认创建一个名为mysql的用户。（　　）

2.db表是用来记录允许连接到服务器的账号信息。（　　）

3.user表中的user和host字段不区分大小写。（　　）

4.MySQL中只能使用create user语句创建用户。（　　）

5.创建用户时必须指定用户名和主机名。（　　）

6.新创建的用户只有登录MySQL服务器的权限，没有任何其他权限。（　　）

7.拥有grant权限的用户才可以执行grant语句。（　　）

8.使用revoke语句可删除某个用户及其拥有的权限。（　　）

9.删除用户会影响之前所创建的表、索引或其他数据库对象。（　　）

10.使用grant语句可以新建用户并授权。（　　）

四、根据要求编写命令

1.使用insert语句创建名为test的用户，其中，主机名是localhost，密码也是test。

2.授权test用户拥有所有数据库的查询权限和更新权限。

3.刷新系统权限表。

4.使用show grants for语句查询用户test所拥有的权限。

5.撤销用户test的更新权限。

6.使用drop user语句删除用户test的账号。

NO.4

［任务四］

备份数据库

一、填空题

1.数据库备份是指通过____________或者复制表文件的方式来制作数据库的副本。

2.在通常情况下，建议备份成后缀名为____________的文件。

3.备份文件开头记录了MySQL的版本、备份的主机名和____________。

4.使用“--____________”参数后，必须指定至少一个数据库名称。

5.执行____________命令，可以将数据库中的数据备份成一个文本文件。

6.备份多个数据库时，多个数据库名称之间用____________隔开。

7.备份文件中通常包含create语句和____________语句。

8.mysql命令和mysqldump命令，都直接在____________窗口下执行。

9.使用 select...____________语句将表的内容导出成一个文本文件。

10.可使用____________infile语句来恢复先前备份的数据。

二、选择题

1.下列不是数据丢失应用场景的是（　　）。

A.安全漏洞　　B.硬件故障

C.人为误操作　　D.数据库迁移

2.一般情况下，需要备份的数据不包含（　　）。

A.表数据　　B.错误日志

C.服务器配置文件　　D.存储过程

3.只导出表结构而不导出表数据，应添加命令参数（　　）。

A.-p　　B.- a　　C.- t　　D.-d

4.使用（　　）就可以备份所有数据库。

A.-all-databases　　B.- -databases

C.- -all　　D.-d

5.下列能导出整个数据库dbname(包括数据库中的数据）的语句是（　　）。

A.mysqldump -u username -p dbname > dbname.sql

B.mysqldump -u username -p dbname < dbname.sql

C.mysqldump -u username -p -d dbname > dbname.sql

D.mysqldump -u username -p -t dbname < dbname.sql

6.下列能导出数据库dbname中的tablename数据表的语句是（　　）。

A.mysqldump –u username –p dbname tablename > tablename.sql

B.mysqldump –u username –p tablename < tablename.sql

C.mysqldump –u username –p tablename > tablename.sql

D.mysqldump –u username –p dbname tablename < tablename.sql

7.下列有关mysqldump的备份特性的描述，不正确的是（　　）。

A.是逻辑备份，需将表结构和数据转换成SQL语句

B.MySQL服务必须运行

C.备份与恢复速度比物理备份快

D.支持MySQL所有存储引擎

8.下列表示字段之间用顿号（、）分隔的语句是（　　）。

A.fields terminated by '\、'

B.fields enclosed by '\、'

C.lines starting by '\、'

D.lines terminated by '\r\n'

9.下列不可以恢复数据的命令是（　　）。

A.mysql　　B.soruce

C.load data　　D.mysqldump

10.根据是否需要数据库离线来分，备份不可以分为（　　）。

A.热备份　　B.冷备份

C.温备份　　D.增量备份

三、判断题

1.任何数据库都需要备份。（　　）

2.备份文件的后缀名可以是.txt。（　　）

3.mysqldump命令能登录到 MySQL服务中执行。（　　）

4.使用“--databases”参数时，不需要指定数据库名称。（　　）

5.使用mysql命令恢复备份的数据必须指定数据库名。（　　）

6.导出数据的目标文件不能是一个已经存在的文件。（　　）

7.如果fields和lines都被指定，lines必须位于fields的前面。（　　）

8.数据导入时字段中的空值NULL需要使用\N表示。（　　）

9.使用select ... into outfile语句必须拥有file权限。（　　）

10.load data infile是select ... into outfile的逆操作。（　　）

四、根据要求编写命令

1.请使用select into... outfile语句，备份数据库db_test中表content 的全部数据到C盘的backup目录下一个名为 backupcontent.txt的文件中。要求：字段值如果是字符则用双引号标注，字段值之间用逗号隔开，每行以问号为结束标志。

2.将之前导出的数据备份文件backupcontent.txt导入数据库db_test的 content_copy表中，其中 content_copy的表结构和content相同。

[任务五]

NO.5

使用日志恢复数据

一、填空题

1.______________是数据库的重要组成部分，主要用来记录数据库的运行情况、日常操作和错误信息。

2.______________记录了MySQL所有查询超时的语句。

3.在默认情况下，二进制日志功能是______________的。

4.查看二进制日志内容，必须使用______________命令。

5.______________定义了MySQL清除过期日志的时间，最小单位是秒。

6.通过在配置文件中添加______________选项来开启二进制日志。

7.通过____可以查看二进制日志的状态。

8.通过______________可以清空所有二进制日志文件。

9.新二进制日志的编号从______________开始。

10.MySQL中使用______________日志还原数据库。

二、选择题

1.记录MySQL服务器的启动、关闭和运行错误等信息的日志是（　　）。

A.错误日志　　B.二进制日志

C.查询日志　　D.慢查询日志

2.在MySQL内部有4种常见日志，（　　）不能直接cat或 more文本查阅日志内容。

A.错误日志　　B.二进制日志

C.查询日志　　D.慢查询日志

3.二进制日志未记录（　　）。

A.插入语句　　B.查询语句

C.更新语句　　D.删除语句

4.查看所有已存在的二进制日志的语句是（　　）。

A.show variables like '%log_bin%';

B.show binary logs;

C.flush logs;

D.show master status;

5.如果需要查看二进制日志内容，必须使用的命令是（　　）。

A.mysqlbinlog　　B.mysqladmin

C.mysqldump D.catbinlog

6.binlog_expire_logs_seconds的默认值是（ ）。

A.0 B.2592000s

C.86400s D.604800s

7.下列能删除编号为000001、000002、000003的二进制日志的代码是（ ）。

A.purge master logs to 'mylog.000001'

B.purge master logs to 'mylog.000002'

C.purge master logs to 'mylog.000003'

D.purge master logs to 'mylog.000004'

8.下列不是删除二进制日志的方法是（ ）。

A.reset master;

B.purge master logs to 'filename.number';

C.purge master logs to 'yyyy-mm-dd hh:MM:ss';

D.purge master logs to ' max_binlog_size';

9.二进制日志还原数据库的命令是（ ）。

A.mysql -u root -p

B.mysqlbinlog filename.number

C.mysqlbinlog filename.number | mysql -u root -p

D.mysqladmin -uroot -p flush-logs

10.下列不是触发log flush操作的时机是（ ）。

A.MySQL重启

B.binlog文件大小达到参数max_binlog_size限制

C.手工执行flush logs命令

D.超过清除过期日志的时间

三、判断题

1.所有日志都是文本文件。（ ）

2.默认只启动了错误日志功能，其他需要手工启动。（ ）

3.binlog文件会随服务的启动创建一个新文件。（ ）

4.错误日志中记录的全是错误信息。（ ）

5.清除过期日志的时间的最小单位是天，默认值是0。（ ）

6.单个二进制日志文件默认大小为1024 MB。（ ）

7.使用set sql_log_bin=0;关闭二进制日志。（ ）

8.只有flush logs命令，可以生成一个新的二进制文件。（ ）

9.二进制日志的文件名中filename不会改变，number会不断递增。（ ）

10.max_binlog_size能严格控制binlog的大小不超过最大值。（ ）

四、综合题

1.查看二进制日志文件状态。

2.查看所有binlog日志文件列表。

3.查看二进制日志文件mylog.000003的内容。

4.使用二进制日志mylog.000001、mylog.000002、mylog.000003来还原数据库。

5.清空所有binlog日志命令。

项目检测

目标测试题一

一、填空题（每题3分，共30分）

1.触发器是______________。

2.在delete触发器中，引用一个名为______________的虚拟表，访问被删除的行。

3.事务具有4个特性，通常简称为______________。

4.事务的______________指要么全执行，要么全不执行。

5.事务的默认隔离级别是______________。

6.MySQL在安装时，默认创建一个名为________________________的用户，该用户拥有超级权限。

7.在MySQL中，使用_____________________语句删除某个用户的某些权限。

8.MySQL中用select查询所需要的数据，用____________________来导出数据。

9.在MySQL的日志中，除____________________外，其他日志都是文本文件。

10.________________日志文件会记录MySQL服务器的启动、关闭和运行错误等信息。

二、选择题（每题3分，共30分）

1.下列不属于MySQL事务控制语句的是（　　）。

A.start transaction用于开始一项新的事务

B.commit用于提交事务

C.rollback用于回滚事务

D.close transaction用于关闭事务

2.MySQL发生死锁需要（　　）。

A.用户处理　　B.系统自动处理

C.修改数据源　　D.取消事务

3.在MySQL中，存储用户全局权限的表是（　　）。

A.tables_priv　　B.procs_priv

C.columns_priv　　D.user

4.下列通配符表示一组主机的是（　　）。

A.*　　B.?　　C.%　　D._

5.在MySQL中，可以使用为用户授权的语句是（　　）。

A.revoke　　B.grant

C.insert　　D.create

6.在数据库系统生命周期中，可能发生的灾难不包括（　　）。

A.系统故障　　B.事务故障

C.掉电故障　　D.介质故障

7.还原数据库时，首先要进行的操作是（　　）。

A.创建数据表备份　　B.创建完整数据库备份

C.创建冷备份　　D.删除最近事务日志备份

8.常用的更新权限的方式有（　　）。

A.在操作系统终端中运行 mysqladmin flush –privileges

B.在操作系统终端中运行 mysqladmin reload

C.在操作系统终端中运行 flush privileges

D.在MySQL命令提示符下运行 flush privileges;

9.下列命令不能完成MySQL备份和还原的是（　　）。

A.mysqldump　　B.mysql

C.soruce　　D.mysqladmin

10.如果长时间不清理二进制日志，将会浪费很多磁盘空间。删除二进制日志的方法不包括（　　）。

A.删除所有二进制日志

B.删除指定编号的二进制日志

C.根据创建时间来删除二进制日志

D.删除指定时刻的二进制日志

三、判断题（每题2分，共20分）

1.触发器的定义中不允许使用游标和事务。（　　）

2.当手动更新权限表时，服务器会自动监测到权限的改动。（　　）

3.MySQL所有的存储引擎都支持事务处理。（　　）

4.事务隔离级别读已提交解决脏读的问题。（　　）

5.使用create user语句不可以同时创建多个用户。（　　）

6.mysqldump 命令必须在 cmd 窗口下执行。（　　）

7.MySQL中错误日志也可以被禁止。（　　）

8.通过mysql.db表中的数据记录查看相应的用户权限。（　　）

9.all privileges表示授权用户拥有所有权限。（　　）

10.默认情况下，通用查询日志功能是关闭的。（　　）

四、综合题（共20分）

1.根据要求编写命令：emp为员工信息表，包含 id、name、deptId 和salary字段，创建一个名为double_salary的触发器，触发的条件是向数据表emp中插入数据之后，再向数据表emp1中插入相同的数据，并且salary为emp中新插入的salary字段值的2倍。（7分）

2.试述事务的概念及事务的4个特性。（6分）

3.根据要求编写命令：新建“test”用户，密码为“1234”，授予对所有的数据有查询、更新权限，并授予grant权限。（7分）

目标测试题二

一、填空题（每空3分，共30分）

1.触发器不是响应________语句而自动执行的MySQL语句。

2.若在激活触发器的语句执行之后完成几个或更多的改变，通常使用________选项。

3.________是用户定义的一个数据库操作序列，这些操作要么全做，要么全不做，是一个不可分割的工作单位。

4.事务的________指不管系统是否发生故障，处理的结果都是永久的。

5.禁止自动提交事务的命令是________。

6.在MySQL中，拥有________权限的用户才可以执行grant语句。

7.________表示该用户对任何数据库和任何表都没有权限。

8.通常情况下，建议备份成后缀名为________的文件。

9.建立冗余数据最常用的技术是________和登录日志文件。

10.使用________命令来读取二进制文件中的内容。

二、选择题（每题3分，共30分）

1.下列能查看触发器基本信息的语句是（　　）。

A.create trigger　　B.show triggers

C.select triggers　　D.desc triggers

2.在MySQL中，commit语句的主要作用是（　　）。

A.结束程序　　B.返回系统

C.提交事务　　D.存储数据

3.下列不能开启一个新事务的是（　　）。

A.commit语句

B.start transaction语句

C.rollback语句后执行了一条SQL语句

D.begin work语句

4.下列不是user表的权限列的是（　　）。

A.select_priv

B.insert_ priv

C.update_priv

D.authentication_string

5.在MySQL中，可以授予的权限分组不包括（　　）。

A.数据权限　　B.列权限

C.表权限　　D.数据库权限

6.只导出表数据而不导出表结构，应添加命令参数（　　）。

A.– p　　B.– a

C.– t　　D.– d

7.在MySQL中，备份数据库的命令是（　　）。

A.mysqldump　　B.mysql

C.backup　　D.copy

8.还原数据库时，使用的命令是（　　）。

A.mysqldump　　B.mysql

C.import　　D.source

9.如果数据库遭到意外损坏，先应该使用最近的备份文件来还原数据库，下列可以用来还原数据库的是（　　）。

A.通用查询日志　　B.错误日志

C.二进制日志　　D.慢查询日志

10.删除所有二进制日志的命令是（　　）。

A.reset master;　　B.flush logs;

C.remove master;　　D.delete logs;

三、判断题（每题2分，共20分）

1.insert的before触发器能被load data语句激活。（　　）

2.单一触发器不能与多个事件或多个表关联。（　　）

3.支持事务的存储引擎有InnoDB和MyISAM。（　　）

4.InnoDB表类型在事务中自动执行表锁定。（　　）

5.新创建的用户不能查询user表。（　　）

6.使用drop user语句可撤销普通用户权限。（　　）

7.create user语句可以不指定初始密码。（　　）

8.mysqldump命令是将数据库备份成一个包含若干条create语句和insert语句的二进制文件。（　　）

9.使用“--databases”参数时，不需要指定数据库名称。（　　）

10.查询日志记录执行事件超过指定时间的操作。（　　）

四、综合题（共20分）

1.根据要求编写命令：在数据库test的表person中创建一个触发器delete_trigger，用于每次当删除表person中一行数据时，将用户变量str的值设置为“Old person deleted!”。（6分）

2.根据要求编写命令：用 select...into outfile 语句来导出数据库test的表person中的记录。（7分）

3.根据要求编写命令：用二进制日志test.000001来还原数据库test。（7分）

综合检测

综合检测题一

一、填空题（每题3分，共30分）

1.记录中的每个数据被称为________________。

2.把低级范式的关系模式规范到高一级范式的方法是________________。

3.主属性是________________。

4.MySQL 8的默认存储引擎是________________。

5.执行curdate()的结果是________________。

6.dec(4,2)能表示的最大数是________________。

7.通配符“%”表示________________。

8.实际存储数据的数据库对象是________________。

9.在select语句中，对查询结果进行分组的关键字是________________。

10.在MySQL数据库中，使用________________开始事务。

二、选择题（每题3分，共30分）

1.数据库管理系统的英文缩写是（　　）。

A.DB　　B.DBA

C.DBMS　　D.DBS

2.售价在商品实体中为定价，而在订单关系中为单价，这是（　　）。

A.属性的类型冲突　　B.属性的域冲突

C.命名冲突　　D.结构冲突

3.如果一个关系的所有属性构成其主键，这个关系一定属于（　　）。

A.1NF　　B.2NF

C.3NF　　D.BCNF

4.在MySQL数据库管理系统中，命令行客户工具是（　　）。

A.mysqld　　B.mysql

C.mysqladmin　　D.mysqldump

5.连接字符串'68bu'和'12'的正确方法是（　　）。

A.'68bu'+'12'　　B.'68bu'−'12'

C.concat('68bu','12')　　D.'68bu'.'12'

6.能提高数据处理效率的数据库对象是（　　）。

A.数据表　　B.视图

C.索引　　D.存储过程

7.下列要插入两条记录的语句，正确的是（　　）。

A.insert into cntpwd values('pop','ty736','kite','ip089');

B.insert into cntpwd values('pop','ty736'),values('kite','ip089');

C.insert into cntpwd values('pop','ty736'),('kite','ip089');

D.insert into cntpwd ('pop','ty736'),('kite','ip089');

8.销售表sale中有商品的销量（snum）、售价（sprice），统计日销售额的语句是（　　）。

A.select sum(snum) from sale group by sdate;

B.select sum(sprice) from sale group by sdate;

C.select sum(sprice)*sum(snum) from sale group by sdate;

D.select sum(sprice*snum) from sale group by sdate;

9.只出现在下列子句中的字段，不适合建立索引的是（　　）。

A.select　　B.group by

C.where　　D.order by

10.下列与数据安全无关的是（　　）。

A.索引　　B.触发器

C.日志　　D.备份

三、判断题（每题2分，共20分）

1.数据处理就是对数据进行运算。（　　）

2.关系规范化的思想是消除数据冗余，解决数据操作异常。（　　）

3.在MySQL中不能精确表示小数。（　　）

4.可以查询非当前数据库的数据表中的数据。（　　）

5.在重复值多的字段上建立索引，能明显提高查询速度。（　　）

6.修改数据表的字段类型有丢失数据的风险。（　　）

7.count(字段名)统计记录时，返回值不包含其值为NULL的记录。（　　）

8.select命令必须有from子句，才能正确执行。（　　）

9.二进制日志文件与数据库文件存储在同一磁盘上能提高数据安全。（　　）

10.如果一个事务在数据表上加的是排它锁，其他事务不可读取数据，也不能加任何锁。（　　）

四、综合题（每题5分，共20分）

1.有数据模式books(isbn,bkname,press,author,price,pdate),其中isbn是书号，是一个13位的数字串，bkname是书名，press是出版社，author是作者，price是定价，pdate是出版日期。日常操作中需要按书名查询书籍信息，写出创建数据表books的命令。

2.《西文哲学史》，作者梯利，书号9787100115711，商务印书馆2015年11月出版，定价78.9。把此书的信息添加到数据表books中。

3.把数据库markdb中的merchinfo和emerchinfo数据表备份到D盘的bdb文件夹中，备份文件名为merch_2021。

4.创建账号smith，密码r%th9;h，并授予对数据表books的查询和创建视图的权限。

综合检测题二

一、填空题（每题3分，共30分）

1.关系模型是用＿＿＿＿＿＿＿＿结构来描述数据间的联系。

2.＿＿＿＿＿＿＿＿是长期存储在计算机内的有组织、可共享的数据集合。

3.语句select "3+2"；的显示结果是＿＿＿＿＿＿＿＿。

4.定义唯一性约束的关键字是＿＿＿＿＿＿＿＿。

5.用select进行模糊查询时，可以使用＿＿＿＿＿＿＿＿匹配符。

6.查看当前数据库中表名的语句是＿＿＿＿＿＿＿＿。

7.在select语句的from子句中最多可以指定＿＿＿＿＿＿＿＿个表或视图。

8.＿＿＿＿＿＿＿＿是虚拟表，本身不存储数据，而是按照指定的方式进行查询。

9.在insert触发器中，引用一个名为＿＿＿＿＿＿＿＿的虚拟表，访问被插入的行。

10.MySQL中存储用户全局权限的表是＿＿＿＿＿＿＿＿。

二、选择题（每题3分，共30分）

1.下列关于数据的描述中，不正确的是（　　）。

A.数据就是数字

B.数据是数据库中存储的基本对象

C.数据和它的语义是不可分的

D.数据是描述事物的符号记录

2.在MySQL中，下列说法不正确的是（　　）。

A.NULL是占用空间的

B.NULL与其他数据进行计算时，结果永远为NULL

C.NULL是不占用空间的

D.对于timestamp数据类型，如果往这个数据类型的列中插入NULL值，则插入的值是当前系统时间

3.下列操作能够实现实体完整性的是（　　）。

A.设置唯一键　　B.设置外键

C.减少数据冗余　　D.设置主键

4.下列不是数据定义语句的是（　　）。

A.create table　　B.grant

C.create view　　D.drop view

5.下列关于MySQL的叙述中，错误的是（　　）。

A.MySQL数据库中不能用中文作为表名、字段名

B.MySQL为每个数据库建立一个文件夹

C.默认情况下，MySQL的数据库文件保存在data子文件夹中

D.MySQL安装、配置完毕后，相关参数保存在my.ini文件中

6.在MySQL中，设有员工表staff（sno，sname，sage），各字段的含义分别是工号、姓名、年龄。下列语句会报错的是（　　）。

A.insert into staff (sno,sname,sage) values('201530','Jakc',18)

B.insert into staff (sno,sname) values('201530','Jakc')

C.insert into staff values('201530','Jakc')

D.insert into staff values('201530','Jakc',18)

7.在视图上不能完成的操作是（　　）。

A.视图　　B.在视图上定义新的视图

C.更新视图　　D.在视图上定义新的表

8.下列可以用来声明游标的是（　　）。

A.create cursor　　B.alter cursor

C.set cursor　　D.declare cursor

9.下面是MySQL 默认事务隔离级别的是（　　）。

A.read uncommitted　　B.read committed

C.repeatable read　　D.serializable

10.给wang的用户分配对数据库markdb 中的orderlist表的查询、更新和插入数据权限的语句是（　　）。

A.grant select,update,insert on markdb.orderlist for 'wang@localhost';

B.grant select,update,insert on markdb.orderlist to 'wang@localhost';

C.grant 'wang@localhost' to select,update,insert for markdb.orderlist;

D.grant 'wang@localhost' to markdb.orderlist on select,update,insert;

三、判断题（每题2分，共20分）

1.MySQL数据库管理系统只能在Windows操作系统下运行。（　　）

2.关系型数据库管理系统简称RDBMS。（　　）

3.在C/S模式中，客户端不能和服务器端安装在同一台机器上。（　　）

4.逻辑值的“真”和“假”可以用逻辑常量true和false表示。（　　）

5.只能将表中一个列定义为主键，不能将多个列定义为复合的主键。（　　）

6.当一个表中所有行都被delete语句删除后，该表也同时被删除了。（　　）

7.如果在排序和分组的对象上建立了索引，可以极大地提高查询速度。（　　）

8.用union上下连接的各个select都可以带有自己的order by子句。（　　）

9.存储函数调用只能出现在select语句中，不能出现在update语句中。（　　）

10.rollback语句用于回滚事务。（　　）

四、综合题（每题5分，共20分）

1.下表是立生超市销售表(sale)的数据结构，写出使用create table语句创建表sale的SQL语句。

字段名	字段类型	长度	主/外键	对应中文名
sid	char	20	P	销售编号
mid	char	5	F	商品编号
sdate	date			销售日期
snum	Int			销售数量
sprice	dec	6,2		销售单价

2.查询销售日期在2020-2-15到2020-8-25，商品编号是jz001的所有记录。

3.编写返回表sale中sprice字段平均值且名称为salepricing的存储过程。

4.用root用户新建dsh用户，密码为chongqing，授予对markdb数据库中sale表的select权限。

综合检测题三

一、填空题（每题3分，共30分）

1.数据库系统的核心是________________。

2.常见的数据模型有层次模型、网状模型和________________模型。

3.在MySQL中，创建数据库的命令是________________。

4.数据库的完整性分为：实体完整性、域完成性、________________和用户完整性。

5.在MySQL中，使用________________来表示一个字段没有值或缺值。

6.在create table语句中，使用________________关键字来定义主键。

7.在MySQL中，可以使用________________语句来修改数据表中的记录。

8.在实际应用中，MySQL所支持的触发器有删除、更新和________________三种。

9.在MySQL中，可以使用________________语句来为指定数据库添加用户。

10.可以使用________________命令来修改MySQL的语句结束符。

二、选择题（每题3分，共30分）

1.在数据库中存储的是（　　）。

A.数据库　　B.数据以及数据之间的联系

C.数据库管理员　　D.信息

2.SQL语言又称为（　　）。

A.结构化定义语言　　B.结构化控制语言

C.结构化查询语言　　D.结构化操纵语言

3.在MySQL中，通常用来指定一个已有数据库作为当前数据库的语句是（　　）。

A.uses　　B.use　　C.using　　D.used

4.下列选项中，不是MySQL中常用数据类型的是（　　）。

A.int　　B.var　　C.time　　D.char

5.下列语句中，表数据的基本操作语句不包括（　　）。

A.create　　B.insert　　C.delete　　D.update

6.在MySQL中，drop index语句的作用是（　　）。

A.建立索引　　B.删除索引

C.修改索引　　D.更新索引

7.用MySQL的alter table语句修改基本表时，删除其中某个列的约束条件应使用的子句是（　　）。

A.add　　B.delete　　C.modify　　D.drop

8.显示数据表结构的命令是（　　）。

A.desc　　B.show　　C.use　　D.open

9.使用select语句检索带特定条件的数据时，应使用的关键字是（　　）。

A.order　　B.between　　C.like　　D.where

10.删除视图的命令是（　　）。

A.alter　　B.del　　C.drop　　D.delete

三、判断题（每题2分，共20分）

1.在MySQL中，delete命令可以同时删除多表中的数据。（　　）

2.在MySQL中，定义列完整性约束的关键字是check。（　　）

3.E-R图的构成元素有实体、属性和联系。（　　）

4.在select语句中，Limit关键字后若只有一个数，表示指定的初始值，非记录数。（　　）

5.可以将查询结果赋值给变量。（　　）

6.多表查询中只能使用join on来指定连接条件。（　　）

7.存储函数用命令call调用。（　　）

8.MySQL支持loop和while两种循环控制语句。（　　）

9.在MySQL中，在存储过程中遍历数据表记录需要使用游标。（　　）

10.存储函数不能与存储过程同名。（　　）

四、综合题（每题4分，共20分）

学生管理数据库xsgl中，数据表的结构和记录如下：

Student(学生表)

Student(SId char(5),Sname char(10),Sage date,Ssex char(2))

--SId 学生编号,Sname 学生姓名,Sage 出生年月,Ssex 学生性别

SId	Sname	Sage	Ssex
01	赵川	2005-01-01	男
02	钱英	2005-12-21	女
03	孙明	2004-12-20	男
04	李小芳	2003-09-03	男
05	周晓梅	2003-12-01	女
06	吴楠	2005-01-01	女
07	郑舒磊	2004-01-01	男
09	张春梅	2003-07-08	女
10	李娟	2003-08-11	女
11	李娟	2004-06-06	女
12	赵彬	2005-02-13	男
13	孙传英	2004-06-01	女

Course(课程表)

Course(CId char(5),Cname char(10),TId char(5))

--CId 课程编号,Cname 课程名称,TId 教师编号

CId	Cname	TId
01	语文	02
02	数学	01
03	英语	03

Teacher(教师表)

Teacher(TId char(5),Tname char(10))

--TId 教师编号,Tname 教师姓名

TId	Tname
01	李小红
02	周芹
03	马春燕

SC(成绩表)

SC(SId char(5),CId char(10),score dec(5,1))

--SId 学生编号,CId 课程编号,score 分数

SId	CId	score
01	01	80.5
01	02	90.0
01	03	99.0
02	01	70.0
02	02	60.5
02	03	80.0
03	01	80.0
03	02	80.5
03	03	80.0
04	01	50.0
04	02	40.0
04	03	30.0
05	01	76.5
05	02	87.0
06	01	41.0
06	03	54.0
07	02	89.0
07	03	98.0

1.查询SC表中有成绩的学生的编号。

2.查询SC表中数学成绩前三名的学生的编号和成绩。

3.查询学生李小芳的成绩，包括学生姓名、课程名及成绩。

4.查询每门课程的平均成绩。

5.编写存储过程或存储函数：计算指定学科的平均成绩。

综合测试题四

一、填空题（每题3分，共30分）

1.在MySQL中，数据表存储在______________的文件中，可以一个数据表存储为一个文件，也可以多个数据表共享存储在一个文件中。

2.在create table语句中，用________________________________标识主键。

3.SQL语言集数据查询、数据操作、数据定义和数据控制功能于一体，alter语句实现____________________功能。

4.在实际使用中，若只在一列上创建索引，则称为____________________索引。

5.在已有表上创建索引的命令关键字是__________________________________。

6.在select语句中，使用关键字__________________屏蔽重复行数据。

7.在MySQL的聚合函数中，能实现统计个数的函数名是____________________。

8.在 MySQL中，删除视图使用__________________语句。

9.为了防止误删除数据表数据，应该使用__________________触发器。

10.在MySQL中，为指定数据库添加用户使用______________语句。

二、选择题（每题3分，共30分）

1.MySQL的服务器程序是（　　）。

A.MySQLd　　B.MySQL

C.MySQLadmin　　D.MySQLdump

2.E-R图为数据库设计工具之一，它一般适用于建立数据库的（　　）。

A.概念模型　　B.结构模型

C.物理模型　　D.逻辑模型

3.创建数据表的语句中的not null字段约束表示的含义是（　　）。

A.允许空值　　B.非空约束

C.不允许写入数据　　D.不允许读取数据

4.下列选项中，不是MySQL中常用数据类型的是（　　）。

A.int　　B.var

C.time　　D.char

5.下列标识符中，符合标识符命名规则的有（　　）。

4abc9，def89，kl23cd，pk56_op，*89gh

A.1个　　B.2个

C.3个　　D.5个

6.select语句复杂且功能强大，但至少应包括的部分是（　　）。

A.select　　B.select,from

C.select,group　　D.select,into

7.触发器不是响应（　　）语句而自动执行的MySQL语句。

A.select　　B.insert

C.delete　　D.update

8.存储过程是一组预先定义并（　　）的transact-sql语句。

A.编写　　B.解释

C.编译　　D.保存

9.视图提供查看和（　　）数据的另一种途径，从而简化数据库操作。

A.插入　　B.检索

C.存放　　D.更新

10.下列不是备份数据库的理由是（　　）。

A.停电　　B.软件故障

C.病毒破坏　　D.正常定期更新

三、判断题（每题2分，共20分）

1.删除数据库时，其中的表、视图、索引、存储过程都将被删除。（　　）

2.在select语句中，实现选择功能的是where语句。（　　）

3.视图view是数据库的存储模式。（　　）

4.触发器的主要功能是保护表中的数据。（　　）

5.能返回当前日期的函数是curdate( )。（　　）

6.事件是基于特定时间周期而执行某些任务。（　　）

7.游标只能用于存储过程或存储函数，不能单独在查询操作中使用。（　　）

8.存储函数被调用后，就可以像使用系统内置函数一样方便。（　　）

9.在MySQL中，预设拥有最高权限的超级用户名是administrator。（　　）

10.备份数据库会占用存储空间，降低速度，因此不用备份。（　　）

四、综合题（每题10分，共20分）

1.在数据库On_store的表sp中创建一个触发器sp_delete,用于每次删除表sp中一行数据时，将用户变量str的值设置为old sp deleted!。写出操作步骤及相关命令。

2.假定当前系统中不存在用户wuwanming,请编写一段SQL语句，要求创建这个新用户，并为其设置对应的系统登录口令wwM19#9，同时授予该用户在数据库markdb的表merchinfo上有select和update权限，写出操作步骤及相关命令。